沈埋トンネルの設計と施工

清宮 理・園田惠一郎・高橋正忠 共著

技報堂出版

はじめに

　沈埋トンネルは水底トンネルの一種である．沈埋トンネル工法は，あらかじめトンネル設置場所の水底に溝（トレンチ）を掘っておいて，陸上，場合によっては洋上の，適切なヤードで築造した一定の長さのトンネルエレメント（一般に沈埋函と呼んでいる）を水上に浮かべて曳航そして沈設し，トレンチ内の隣接エレメントを水底で連結し，トンネル上部の土砂を埋め戻しトンネル全体を完成させるという工法である．沈埋トンネル工法はシールドトンネルのような地中トンネルの工法に比べて，トンネル上面の土かぶりが浅くアプローチ部を含めたトンネル延長が短くてすむという利点を有しており，近年，東京湾や大阪湾のような比較的水深の浅い港湾・沿岸部で建設される機会が多くなっている．
　沈埋トンネルの歴史は古く，1885年，シドニー湾の水道管用のトンネルが最初といわれている．また，わが国では1935年に計画，1944年（昭和19年）に完成した大阪市の安治川河底トンネルが最初であるが，本格的な沈埋トンネルの建設は1970年代に入ってからである．1994年に完成した多摩川トンネルは，全長2080m，沈埋区間長1550m，断面形状10.0m×39.9m（矩形）で，区間長および断面形状においてわが国での最大規模の沈埋トンネルである．
　沈埋トンネル工法を支える技術は建設技術全般に加えて材料開発や製作技術など非常に広い分野にまたがっている．一般に沈埋トンネルの規模は大きく，計画から完成までの工期が数年にまたがることもめずらしくはない．したがって，一つ一つの沈埋トンネルはその時代の最新の技術を集合して建設されており，沈埋トンネル工法は日進月歩改善されているといっても過言ではない．たとえば，わが国の最近の建設事例をみても，沈埋函の合成構造化，耐震性に優れた新しい継手と接合工法の開発，高流動コンクリートの採用など一品一品ごとに新しい開発技術が誕生している．これらのいわゆるハードな技術に加えて，ソフトな技術である設計手法や維持管理技術についても，軟弱地盤の不等沈下問題や阪神・淡路大震災の経験などをとおして技術改良が重ねられている．したがって，わが国での最新の沈埋トンネル工法はこの分野での世界での最先端技術であるといっても過言ではない．

今日，わが国の沈埋トンネルの建設事例は30件に近く，世界的に見てもアメリカ合衆国に次ぐ多くの事例を有しており，沈埋建設工法はトンネル工法の一つとして確固たる地位を占める存在になっている．また中国，東南アジアでの沈埋トンネルの建設の潜在的需要は非常に高い．しかしながら，土木分野の建設技術全体から見れば，沈埋トンネル工法はまだ特殊な技術分野と見られ，一般の土木技術者にとって馴染みが薄いようであり，これからの建設技術を担う若い技術者や学生に対する適切な入門書や専門書も見あたらないのが現状である．本書を企画した動機はまさにここにあり，これからの沈埋トンネル工法の技術革新に向けての啓蒙書として役立つことを希望して本書の執筆に取りかかった次第である．

周知のように，構造物の設計法の国際化と相まって，土木・建築構造物の設計手法が大きく変わりつつある今日，これからの沈埋トンネルの設計手法もそれらに併せて変化していくことは当然である．したがって，このような状況を踏まえて，本書では過去の実績のある設計・製作・施工技術の紹介だけではなしに，これからの沈埋トンネル技術全般のあるべき方向についても極力触れるように努力している．

本書が学生や若い技術者の沈埋トンネル工法への関心と関連技術開発への貢献に役立つことを願って止まない．

2002年3月

著者

目　次

第1章　沈埋工法の概要 1
1.1　沈埋トンネルとは 1
1.2　沈埋工法の歴史と現状 2
1.2.1　沈埋工法の発達 2
1.2.2　わが国での発達 3
1.2.3　沈埋工法の現状 4
1.3　沈埋トンネルの種類と特徴 6
1.3.1　沈埋工法の特徴 6
1.3.2　施工方法 6
(1)　鋼殻方式 6
(2)　ドライドック方式 7
1.3.3　構造形式 7
(1)　鋼殻方式円形断面 7
(2)　鋼殻方式長方形断面 7
(3)　鉄筋コンクリート長方形断面 8
(4)　プレストレスコンクリート長方形断面 8
1.3.4　沈埋トンネルの事例 9

第2章　施工方法 11
2.1　沈埋函の製作 12
2.1.1　鋼殻の製作 12
2.1.2　コンクリートの打設 15
(1)　打設順序 15
(2)　打設規模 15
(3)　型枠 17
(4)　コンクリートの配合 17
(5)　高流動コンクリート 17
2.1.3　端部鋼殻の製作 18
2.1.4　艤装工事 19
2.2　トレンチの浚渫 20

iv　目　次

　2.3　沈設と接合 20
　2.4　継　　　手 23
　2.5　基礎と埋戻し 23
　　　　　(1)　スクリード方式 24
　　　　　(2)　砂吹き込み方式 24
　　　　　(3)　モルタル注入方式 24
　　　　　(4)　仮支持台 26
　　　　　(5)　杭　基　礎 26

第3章　計　　　画 29
　3.1　計画の手順と主な配慮事項 29
　3.2　水域横断形式の比較 30
　　　3.2.1　概　　　説 30
　　　3.2.2　橋梁との比較 31
　　　3.2.3　他のトンネル工法との比較 32
　3.3　平面・縦断線形の計画 34
　　　3.3.1　沈埋トンネル始終端の位置 34
　　　3.3.2　平　面　線　形 34
　　　3.3.3　土かぶりと縦断線形 34
　　　3.3.4　計画縦断線形と沈埋函の縦断 35
　　　3.3.5　沈埋函の長さの設定 35
　3.4　トンネル断面の計画 36
　　　3.4.1　内　空　断　面 36
　　　3.4.2　横断面形状 36
　3.5　トンネル施設の計画 37
　3.6　沈埋函の構造と施工計画 37
　3.7　工　程　計　画 38

第4章　調　　　査 45
　4.1　社会条件調査 45
　　　4.1.1　水路条件調査 45
　　　4.1.2　船舶航行安全対策調査 45
　　　4.1.3　交通関係調査 46

4.1.4　用地, 漁業などの利権調査 46
　　4.1.5　支障物件調査 46
　　　　(1)　埋設物調査 46
　　　　(2)　既設構造物調査 46
　　　　(3)　爆発物調査 46
　　4.1.6　地域防災計画調査 47
　4.2　自然条件調査 47
　　4.2.1　気象・海象条件調査 47
　　4.2.2　地盤条件調査 49
　　4.2.3　耐震設計調査 50
　　　　(1)　基盤面の調査 50
　　　　(2)　地盤諸定数の調査 50
　　　　(3)　地　震　調　査 51
　4.3　環境保全のための調査 52
　　4.3.1　水　　　質 52
　　4.3.2　大　気　質 52
　　4.3.3　騒音・振動 52
　　4.3.4　地盤沈下および地下水 53
　　4.3.5　建設副産物の処理 53
　4.4　その他の調査 53
　　4.4.1　測　量　調　査 53
　　4.4.2　土捨ておよび土砂採取 53
　　4.4.3　沈埋函施工ヤード 54
　　　　(1)　沈埋函製作ヤード 54
　　　　(2)　艤装ヤード 55
　　　　(3)　仮　置　場　所 55

第5章　沈埋函の構造 57
　　　　(1)　鉄筋コンクリート沈埋函 58
　　　　(2)　プレストレストコンクリート沈埋函 58
　　　　(3)　鋼殻構造沈埋函 58
　　　　(4)　合成構造沈埋函 60
　　　　(5)　セグメント式沈埋函 60

第6章　構造設計法 63
6.1　設計の基本 63
6.2　構造性能と照査法 64
6.3　沈埋トンネルに対する設計法 66
6.3.1　荷重作用 66
6.3.2　構造性能と照査項目 70
6.3.3　安全性や耐久性等の照査法 70
(1)　製作および施工時の安全性 70
(2)　外荷重に対する耐荷力および変形性能 70
(3)　地盤の支持力あるいは沈下に関する安全性 73
(4)　止水に対する安全性 73
(5)　地震時の安全性 73
6.4　沈埋トンネル横断面の設計 74
6.4.1　解析モデル 74
6.4.2　鉄筋コンクリートおよびプレストレストコンクリート部材の設計 75
(1)　終局曲げ耐力 75
(2)　終局せん断耐力 75
(3)　変形やひび割れ幅の算定 76
6.4.3　合成構造部材の設計 77
(1)　鋼殻構造の設計（製作時） 77
(2)　合成構造の設計（完成系） 78
6.5　函軸方向の設計 81
6.5.1　解析モデル 81
6.5.2　弾性ばね地盤上の梁としての解析 82
6.5.3　地盤の沈下解析 82
6.5.4　トンネル函体の沈下応答解析 84
6.6　沈埋函継手の設計 84
6.6.1　概　　説 84
6.6.2　接合および止水構造 85
(1)　力の伝達成分 85
(2)　止水の方法 85
6.6.3　剛結合継手 86
6.6.4　可撓性継手 86

	(1) ゴムガスケットの設計	88
	(2) PCケーブルの設計	90
	(3) 二次止水ゴムガスケット	91

6.6.5 最終継手 ... 91
6.7 防水と防食の設計 ... 93
 6.7.1 防水の設計 ... 93
 6.7.2 防食の設計 ... 93
6.8 耐火設計 ... 97
 6.8.1 耐火設計の現状 ... 97
  (1) 火災例と被害 ... 97
  (2) 危険物車両に対する現状 ... 97
 6.8.2 車両火災の設定 ... 99
  (1) 沈埋トンネル構成材料の高温時の挙動 ... 99
  (2) 火災時の発生温度と継続時間の設定 ... 100
 6.8.3 耐火工 ... 102
  (1) 耐火工に求められる性能 ... 102
  (2) 耐火材料 ... 102
6.9 仮設構造および艤装設備の設計 ... 103
 6.9.1 仮隔壁の設計 ... 103
  (1) 構造形式 ... 103
  (2) 構造設計 ... 103
 6.9.2 艤装設備の設計 ... 105
6.10 基礎の設計 ... 106
 6.10.1 基礎構造形式の種類と特徴 ... 106
 6.10.2 基礎の設計方法 ... 107
  (1) 独立支持形式 ... 107
  (2) 連続支持形式 ... 107
6.11 トレンチおよび埋戻しの設計 ... 108
6.12 投走錨と沈船に対する設計 ... 109

第7章 取付部の設計 ... 113

7.1 立坑の設計 ... 113
 7.1.1 立坑の構造 ... 113

7.1.2 立坑下部構造	113
7.1.3 換気所の設計	114
7.2 陸上トンネルおよび擁壁の設計	115
7.2.1 構造形式とその選定	115
7.2.2 構造設計	115
7.3 護岸の設計	118
7.3.1 沈埋函沈設時仮護岸の設計	118
7.3.2 完成時護岸の設計	118

第8章 耐震解析法 ... 119

8.1 耐震設計の考え方	119
8.1.1 沈埋トンネルの地震時の挙動	119
8.1.2 耐震性能	119
8.2 設計地震動	122
8.3 地盤の評価	124
8.4 構造部材の評価	126
(1) 材料非線形性	126
(2) 破壊モードの判定	127
8.5 耐震解析手法	128
8.5.1 震度法	129
8.5.2 応答変位法	129
(1) 沈埋函軸方向の検討	130
(2) 沈埋函の横断面内の検討	131
8.5.3 動的応答計算法	133
(1) 多質点系モデル	133
(2) 有限要素法モデル	136
8.6 耐震継手の検討	137
8.7 液状化の検討	139

付　表	142
索　引	163

第1章 沈埋工法の概要

1.1 沈埋トンネルとは

　沈埋トンネルは水底トンネル工法の一つであり，運河，河川，航路などの水底にあらかじめトレンチ（溝）を掘削しておき，専用のドライドックやケーソンヤード，造船所などで適当な長さに分割して，鋼やコンクリートで製作されたトンネル構造体（沈埋函またはエレメントという）を，水に浮かべて敷設現場まで曳航し，トレンチに沈設して沈埋函どうしを静水圧などを利用して接合した後，埋め戻してトンネルを完成させる工法である．

　トンネル函体を水底の溝に埋設する方法に対して，浮力よりもやや軽く製作された函体を海底からアンカーで固定して，水中浮遊状態のトンネルをつくる方法も提案されている．ここでは，水底地盤中に埋設する沈埋工法のみを対象とする．

　沈埋トンネルは，図1.1に示すように沈埋トンネル部，陸上トンネル部，開渠部および換気所から構成される．トンネルの使用目的によっては換気所がない場合もある．

　沈埋工法で建設される沈埋トンネル部は，通常以下の順序で施工される．
　① トンネル法線軸方向に，製作，曳航，沈設等の作業に適した数に分割する．

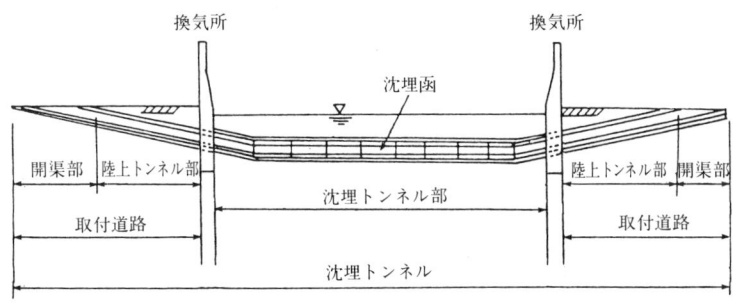

図 **1.1** 沈埋トンネルの構成

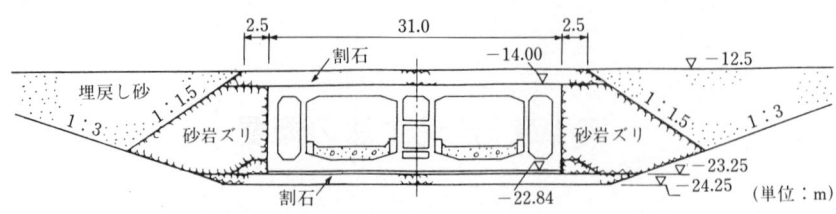

図 1.2　沈埋函の横断面（川崎港海底トンネル）

② 沈埋函をドライドックや造船所で築造する．一部をドライドックや造船所で製作し，配筋，コンクリート打設等を仮設桟橋で行う方法もある．沈埋函の両端に一時的な止水壁（バルクヘッド）を取り付け，ドック内に注水し浮上させて，敷設現場までタグボート等を使って曳航する．
③ 敷設現場の水底は，あらかじめ所定の深さと形状に整形し，トレンチを造成しておく．
④ 沈埋函をバラスト（水や砂利）を用いてトレンチ内に沈設する．
⑤ 既設の沈埋函にジャッキによって引き寄せ，止水ゴムを既設函の端面に密着させ，両沈埋函の止水壁間の水を抜いて静水圧によって仮接合（一次止水）を行う．止水壁を撤去してトンネルとする．その後，本接合を行う．
⑥ 沈埋函と海底地盤との間隙をモルタルなどで充填し，その後土砂によりトレンチの埋戻しを行う．
⑦ 各沈埋函ごとに上記の作業を繰り返してトンネル全体を完成させる．

沈埋トンネルは，一種のプレハブ工法といえる．沈埋トンネルの一般的な横断面の概要を図 1.2 に示す．

1.2　沈埋工法の歴史と現状

1.2.1　沈埋工法の発達

沈埋工法のアイデアは 19 世紀中頃に出され，1876 年にジョーン・トラウトワインが沈埋工法の特許を取ったと記録に残っている．1885 年にはシドニー湾に長さ 380 m の 2 本の水道管が，海底に函体を敷き並べ製作されたのが沈埋工法の最初であるといわれている．今日行われれているような本格的な沈埋工法では，ボストン港の Shirly Gut Syphone と呼ばれる外径 2.6 m の下水幹線である．この構

1.2 沈埋工法の歴史と現状 3

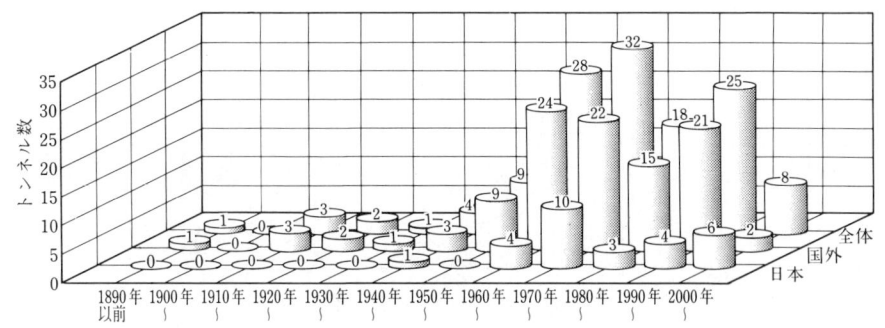

図 1.3 沈埋トンネルの年代別建設数

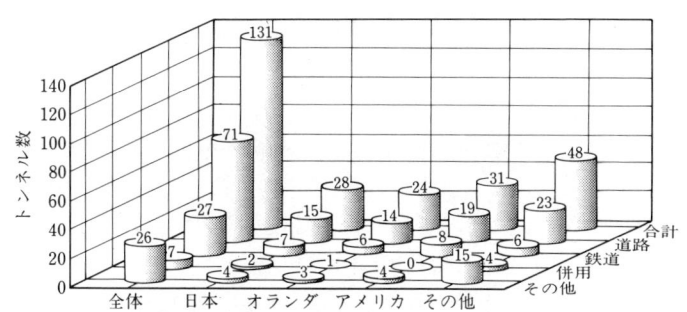

図 1.4 国別・用途別の沈埋トンネル建設数

造物は1894年に完成している．さらに1910年に沈埋工法によるデトロイト河底鉄道トンネルが完成している．沈埋工法は，この2つのトンネルによって，新しい水底トンネル工法として認知された．

その後，沈埋工法は，円形断面で鋼殻方式を基本としたアメリカタイプと，長方形断面，鉄筋コンクリート方式を基本にするヨーロッパタイプの両者がそれぞれ発展していった．アジア，豪州でも沈埋トンネルの建設が多くなされてきている．図1.3に沈埋トンネルの年代別の建設数を示す．また，図1.4に用途別の建設数を示す．国別ではアメリカ，日本，オランダが多いが，最近は中国，シンガポールなどアジアでの建設例が増えている．

1.2.2 わが国での発達

わが国での沈埋トンネルの歴史は比較的古い．1935年（昭和10年）大阪の安治川に沈埋トンネルが最初に計画された．このトンネルは両岸の立坑を支持台と

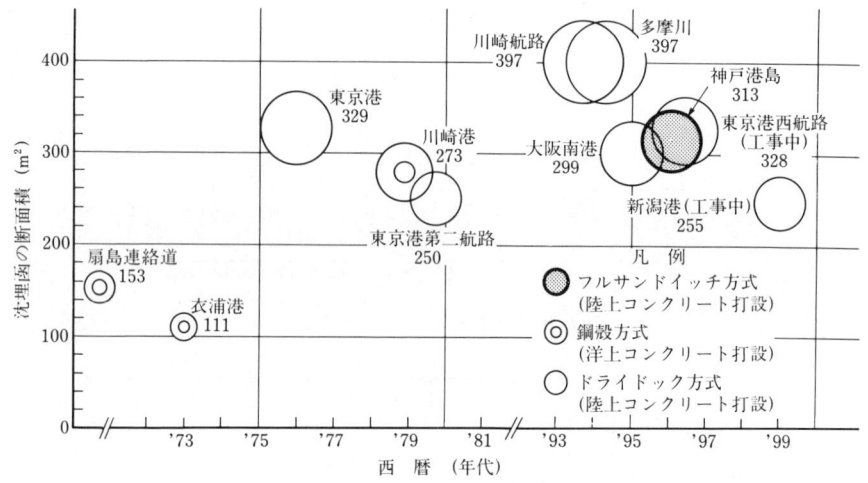

図 1.5 沈埋トンネルの断面積の変遷

して，長さ 49 m の沈埋函 1 基を設置した小規模なものであるが，第二次大戦中の苦しい情勢のもとで 1944 年（昭和 19 年）に完成した．

その後，この工法が採用される機会もなかったが，1963 年（昭和 38 年）に首都高速道路羽田海底トンネルで日の目を見てから一躍注目の的となった．臨海部の開発に伴い道路と鉄道の需要が大きくなり，いくつもの大規模な沈埋トンネルの建設が行われ始めた．特に空港近くで高度制限から橋梁の建設が難しい地点，あるいは大型船が通過する航路で十分なアクセスが取れない地点で沈埋トンネルが採用されている．現在 28 の建設事例が報告されている（2002 年現在建設中を含む）．このうち，道路トンネルが 15，道路鉄道併用トンネルが 2，鉄道トンネルが 7，その他 4 となっている．また，図 1.5 に沈埋トンネルの断面積と建設年代を示す．山岳トンネル，シールドトンネルなどと同様にトンネルの一形式として認知されている．

1.2.3 沈埋工法の現状

前述のように沈埋工法はアメリカ，オランダなどを中心に数多く建設され，その用途も鉄道，道路，取水管，下水道など多方面に用いられてきた．日本では臨海部では軟弱な海底地盤が多く，見かけ上の比重が周辺地盤と大差なく大規模な基礎工事を必要としない沈埋工法が有利となる場合が多い．また，地盤沈下や大

表 1.1　円形断面と長方形断面の特徴比較

項目	円　形　断　面	長　方　形　断　面
力学的	軸力が支配的である.	曲げモーメントが支配的である.
基　礎	最大幅に比べて底面幅が小さく,かつ,水上からの埋戻し投入土砂が基礎全面にゆきわたりやすい形状になっているので,工法によっては造成が容易である.	底面が広いので,造成には,砂吹込み工法のような特殊な工夫が必要である.
空　間	交通用としては,上下にむだな空間ができる場合がある.この場合は,トンネル全長が長くなったり,浚渫深さも大きくなる.	むだな空間の発生が少ない.このためトンネル延長も短く,浚渫深さも小さくなる.
幅	実用上,直径10m程度までが限度で,多車線の道路用には不適当である.	多車線広幅員の道路トンネルにも適用できる.鉄道を併置することもできる.

規模地震にも対応できる工法である．特に，地震時の沈埋トンネルの挙動が現場観測，数値計算，模型実験などで検討され，耐震設計の技術が整備されたことも沈埋工法の建設を促進している．

　当初は構造的に有利であり基礎の処理も容易な円形断面の採用が多かったが，広幅員の道路トンネルなどが要求されてくるに従い，内空断面を有効に使うことから，長方形断面の沈埋函が採用されてきた．この場合，基礎の処理方法を解決する必要があったが，沈埋函を仮支持させる方法や，基礎底面に砂を吹き込む工法やモルタルを注入する工法が開発されて，広幅員の沈埋トンネルの施工が可能になった．表 1.1 に沈埋トンネルの断面形状の比較を示す．

　また，沈埋函の接合方法として，接合部をコンクリートで固める水中コンクリート工法が初期の段階では採用されていたが，この工法に代わって，ゴムガスケットによる水圧圧接工法が開発され，これらと合わせて各種水中施工の技術が進歩した．沈埋函接合部に柔継手が採用され，地震，地盤の不等沈下，温度応力などに対して函体の断面力を剛継手の場合より大幅に低減できるようになった．また函体も，鉄筋コンクリート製，鋼製，プレストレストコンクリート製，合成構造など各種の構造形式で建設されるようになった．

　今日の沈埋工法は，これまでの技術の蓄積と施工実績を踏まえ，その施工性，経済性，安全性，確実性が十分に認識されてきている．

1.3 沈埋トンネルの種類と特徴

1.3.1 沈埋工法の特徴

沈埋工法は水底下を通るトンネルで，山岳トンネルやシールドトンネルなどのトンネル工法とは異なった多くの特徴がある．主要なものを以下に示す．

① 地中を掘進するトンネルに比べ，土かぶりが1.5m程度と浅くでき，トンネル延長を短縮できる．アクセスが取れない場合有利となる．
② トンネル函体は，プレハブ方式で製作されるので高品質で水密性の高い構造体である．また防水鋼板をエレメント周囲に巻くことにより地震時の一時的なひび割れ発生にも対応できる．
③ トンネルには浮力が働いているため，見かけの比重が小さく，地盤の支持力が小さくてもよく，軟弱地盤に適している．
④ 断面形状に特別な制約はなく，用途に応じたものを選ぶことができ，特に広幅員の断面としたい場合には有利である．
⑤ 沈埋函を沈設するのに必要な時間は一日程度で済む．
⑥ ケーソン工法のように圧気を必要としないため，相当水深の深いものまで安全に施工できる．

これらの長所がある反面，トレンチ浚渫の際の海上交通の問題，浚渫土砂の処分の問題，沈埋函製作ヤードの確保の問題などがある．

1.3.2 施 工 方 法

沈埋トンネル施工方式には，施工場所の条件，用途，断面の大きさなどによりいろいろな工夫がなされている．これを大別すると，特別なドック等をつくらず，鋼殻函体を水上に浮かべ，鋼殻を外型枠としてコンクリートを打設しながら函体を完成させる「鋼殻方式」と，ドライドックを函体製作ヤードとし，全函を一度に，または数回に分けてドライドックで函体製作を完了させる「ドライドック方式」とがある．

以下にこの二つの方式を概説する．

(1) 鋼 殻 方 式

鋼殻方式は主にアメリカを中心に発達したもので，以下に特徴を示す．

① 造船所の船台等を利用して施工でき，特別に函体製作ヤードをつくる必要がない．

② 鋼殻が防水の役目を兼ねるので，別途に防水工を施す必要はない．
③ 鋼殻を構造部材と見なし合成構造として函体を製作できる．

これらの長所に対し，問題点として次のことがあげられる．
① 浮上状態でのコンクリート打設により複雑な応力や変形が発生し，これに対する鋼殻の補強や適切な打設順序が必要となる．
② 鋼殻の製作には現場溶接が多く，ひずみの発生を防ぐなど製作の手間がかかり，また慎重な検査が必要である．
③ 鋼殻の腐食に対して，電気防食や腐食しろの見込みが必要である．

(2) ドライドック方式

ドライドック方式は，一般に函体製作のための専用のドックを造成し，ここで長方形断面の函体を製作するものをいう．この方式は主に広幅員の道路または鉄道トンネル用として，ヨーロッパで発達した．その特長は次のとおりである．
① 函体製作中に浮上状態としないので構造上の鋼殻を必要とせず，鋼材の使用量が少ない．
② 大きさにあまり制限されず，大断面のものができる．

この方式で考慮すべき問題点としては次のことがあげられる．
① 造船ドック等を利用して函体をつくることもできるが，一般にはドライドックが必要になり，現場に比較的近いところで適当な用地が必要となる．
② 函体のコンクリートの防水性に完全には期待しにくいので，別に鋼板やゴム系のマットなど防水層を設ける．
③ コンクリートの品質管理が重要で，水密性については特に配慮を要する．施工中の温度ひび割れの発生を抑制する必要がある．

断面形状によって沈埋トンネルを分類すると，図1.6に示すように円形，長方形，その他の形状に分かれ，日本では長方形の断面形状が広く採用されている．

1.3.3 構造形式

以下に断面形状別の得失を示す．

(1) 鋼殻方式円形断面

円形の断面は水圧，土圧等の外圧に対して，横断面内の部材断面力は軸力が支配的となり，曲げモーメントが小さいので力学的に有利である．また円形であるため基礎底面の幅を小さくでき，基礎の造成が比較的容易である利点がある．

一方，道路，鉄道トンネルなどにおいては，円形断面の上下に余分な空間ができ，高さ（外径）が大きくなり，トレンチの浚渫土量が増える等の短所がある．

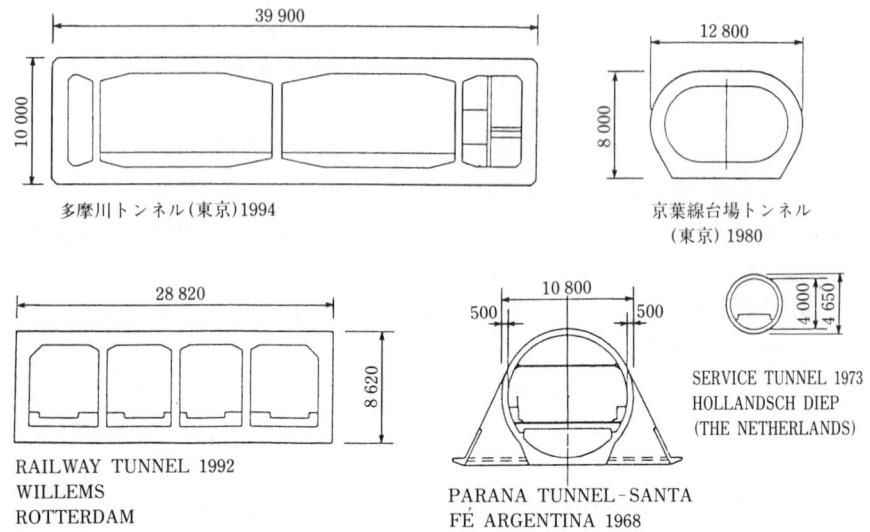

図 1.6 沈埋トンネルの断面

(2) 鋼殻方式長方形断面

この形式は初期のアメリカの沈設トンネルにわずかに事例があるほかは，わが国で主に用いられているものである．道路トンネルのように広幅員が必要な場合有利となる．日本では，ドライドックの建設地点が大都市周辺で得にくいこと，造船所施設が利用しやすいこと等が主な採用理由である．

この形式では，浮上状態でのコンクリート打設時の剛性を確保することが重要で，幅の広いものほど補強などによって使用鋼材量が多くなる．

(3) 鉄筋コンクリート長方形断面

ドライドックにおいて鉄筋コンクリートの函体を製作することは特別の制約はないため，広幅員の函体をつくることが可能で，長方形断面とすれば円形とは異なり，むだな空間が少なくなる．

一方，力学的には円形断面とは異なり，外圧に対して曲げモーメントが支配的となり，部材断面は円形の場合よりは厚くなるのが一般的である．また函体の幅が大きくなるので，沈埋函底面と地盤間に空隙ができないように基礎の造成が重要となる．

(4) プレストレストコンクリート長方形断面

プレストレストコンクリート沈埋函の最大の特長は，プレストレスによる圧縮

応力の導入によりひび割れの発生が抑制され，水密性に優れている点にある．また鉄筋コンクリート沈埋函に対し，プレストレストコンクリート沈埋函は部材厚を薄くでき，それによって重量が軽くできる．したがって断面はコンパクトになり，浚渫土量が減り，トンネル延長が短くなる場合がある．

しかし函体製作にあたっては，沈埋函が沈設されるまでの間の偏心プレストレスに対する処置，PC鋼材定着部の防水処理，グラウト注入など，当工法の特徴的な作業で注意を要する点がある．

1.3.4 沈埋トンネルの事例

1997年の国際トンネル協会（ITA）による沈埋トンネルの建設事例調査では総計149例で，我々が調べ上げた事例にないものがさらに26例あげられており，そのうち道路，鉄道以外の小断面の下水道管渠などが20例を占める．これらは技術情報が不十分であることと，別途資料により確認できなかったため，事例数から除外してある．巻末の付表に合計131例の沈埋トンネルについて，トンネル名，所在地，構造および施工方法などの概要を示した．

第2章 施工方法

　沈埋トンネルの施工は，沈埋函の製作，沈埋トンネル部の施工，立坑（換気所）および取付部の施工に大別される．沈埋函製作はドライドック方式と鋼殻方式で工種および施工手順が異なり，他の部分においても構造，施工法によって施工手順に多少異なる面もあるが，一般的な施工のフローを示すと図2.1のとおりである．

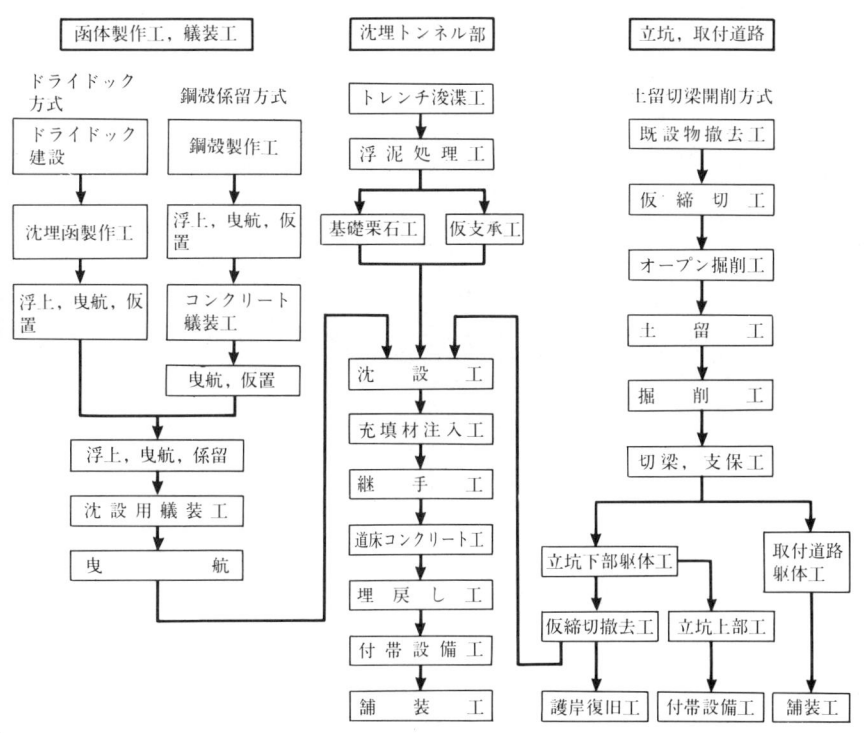

図 2.1　施工手順の流れ

2.1 沈埋函の製作

 沈埋函の製作工事は，鋼殻（防水板）の製作，鋼殻内部へ鉄筋，型枠その他の資材を搬入し，コンクリートを打設して最後に艤装を施し沈埋函を完成させるまでの作業である．前章で述べたように，鉄筋コンクリートの軀体を製作する工法もあるが，ここでは鋼殻方式を例にとり，施工方法の概要を述べる．

2.1.1 鋼殻の製作

 鋼殻方式あるいは合成構造方式の沈埋函は，通常造船所のドック，船台や浅い仮ドック，岸壁上等で鋼殻のみが製作され，艤装ヤードへ曳航，係留してから浮上状態で内部にコンクリートを打設して完成させる．鋼殻の組立状況を図2.2に示す．

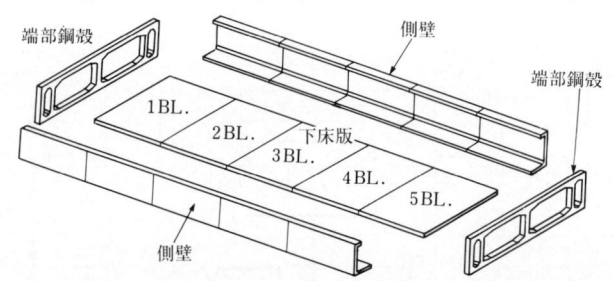

(a) 工場製作：鋼殻は，下床版，側壁，端部鋼殻，上床版（防水鋼板），バルクヘッドで構成される．

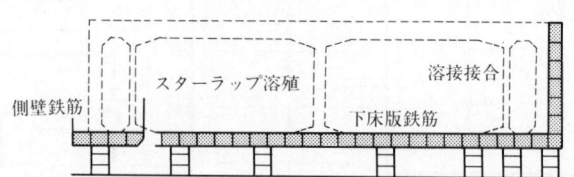

(b) ドック内作業（鋼殻大組立工事・鉄筋組立）：製作したブロックはドックへ海上運搬し，大組立を行う．並行して下床版と側壁の鉄筋を組み立てる．

図 **2.2** 鋼殻の組立状況

鉄筋コンクリート方式の場合は，型枠の都合等により変断面とするのは繁雑であるが，鋼殻方式の場合，あまり問題がなく変断面構造が採用されている．これらの鋼殻は，いずれも全周が鋼板で覆われた状態で，上面の開口部から資材を投入しコンクリートの打設が行われるため，艤装作業に大きな制約を受ける欠点がある．これを回避するために上部開放形式の鋼殻構造が考えられた．川崎港海底トンネルで採用されたものがそれで，構造を図2.3に示す．

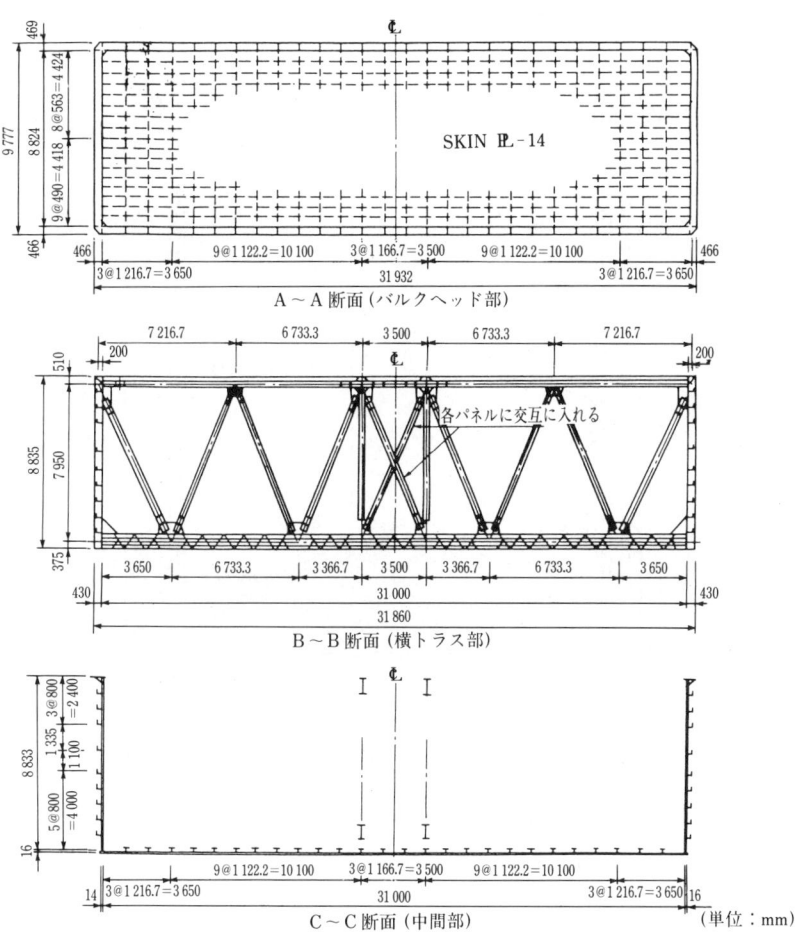

図 2.3 鋼殻の構造（川崎港トンネル）

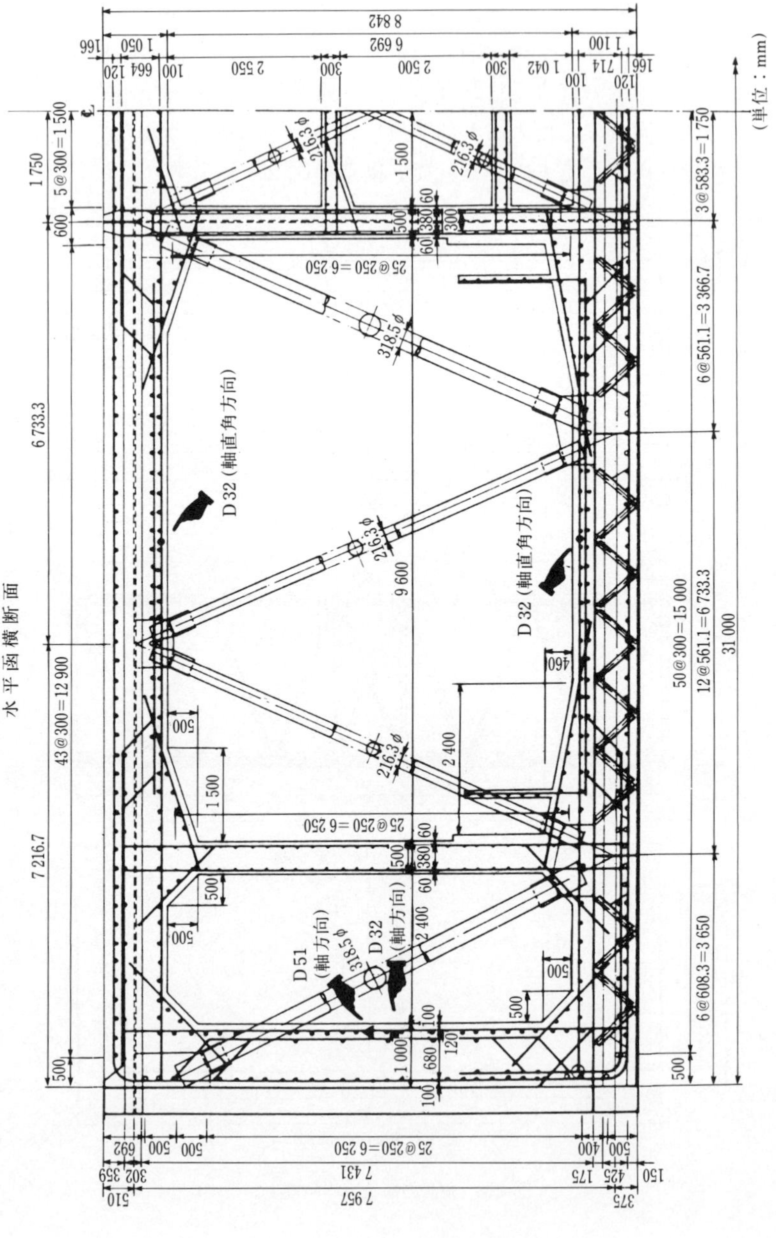

図 2.4 鋼殻方式での鉄筋配置

上部開放型では，開断面構造となって，施工中の荷重に対して変形が生じやすいので，横断面をトラス構造にする等により，鋼殻の剛性を大きくする工夫が必要になる．ただし，造船所など鋼殻製作場所でコンクリートを打設することも可能である．上床コンクリート打設後に鋼板を現場溶接するため，止水が確実に行えるよう溶接部の品質管理に配慮する必要がある．

鋼殻内部には補剛材があり，鉄筋径も一般に太いため，鉄筋組立作業は複雑であり作業性が低下することが多い．したがって，主鉄筋とせん断補強鉄筋，軸方向鉄筋などの組立順序は，あらかじめ十分な計画を練っておく．鋼殻方式函体における鉄筋配置の例を図 2.4 に示す．合成構造方式では鋼殻を構造部材として考えるため，この鉄筋の配置を少なくすることができる．フルサンドイッチ方式では鉄筋の配置はほとんどない構造となる．

2.1.2 コンクリートの打設

(1) 打設順序

鋼殻方式と鉄筋コンクリート方式ではコンクリートの打設で順序と型枠が異なる．鋼殻式沈埋函の製作において最も重要な点の一つが，コンクリートの打設順序である．鋼殻は浮上状態で打設コンクリートの重量を部分的に受けて変形を起こす．この変形がコンクリート打設ごとに積み重ねられて最終変形状態となるわけであるが，1 回の打設量，打設箇所，打設順序をうまく調整し，打設完了時の変形が最小になることと，打設途中における鋼殻応力の最大値が最も小さくなるようにする．コンクリート打設順序の例を図 2.5 に示す．側壁，中壁のコンクリートは，横断面に対して集中荷重として作用すること，打設しにくいことから，何段かに分割して打設されることが多い．

(2) 打設規模

打設規模は打設可能コンクリート量から限度があること，壁コンクリートにおいては，温度ひび割れ，乾燥収縮ひび割れ防止の観点からも長さを制限することが望ましく，一般には 20 m を超えない範囲で設定される．また 1 ブロック長の鉄筋組立て，型枠のセットの工程にマッチした打設長さとする必要がある．

第2章 施工方法

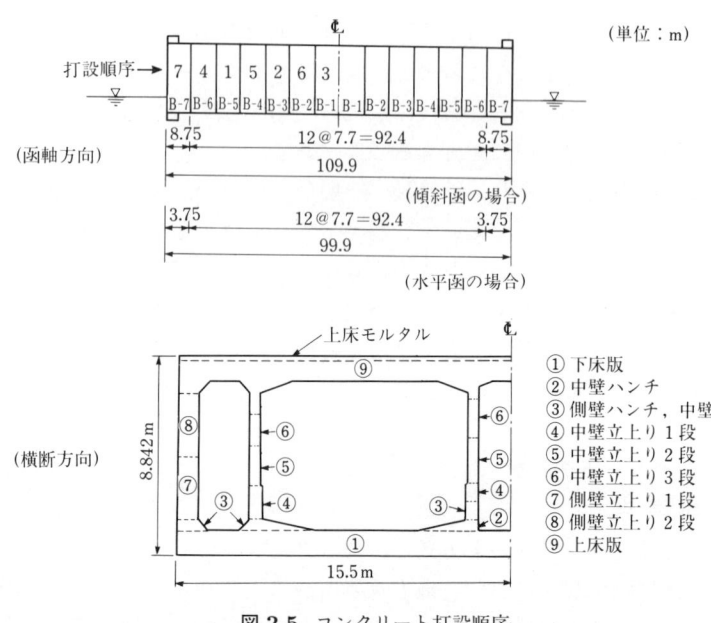

図 2.5 コンクリート打設順序

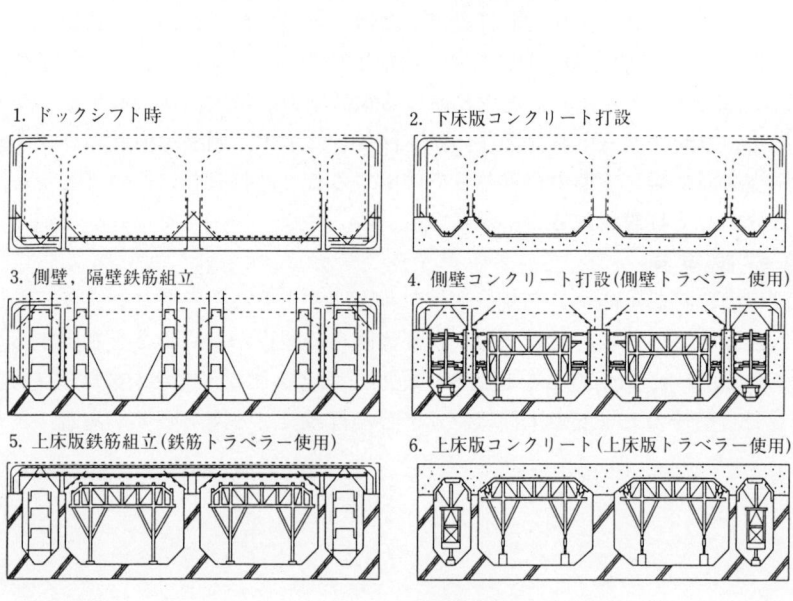

図 2.6 移動式型枠

(3) 型枠

沈埋函は一般に等断面であり，大量のコンクリートを打設することから，施工の効率を考えて移動式型枠が用いられる．沈埋函の製作基数と工期により用意するセット数を決めるが，1基当たり2函製作としている例が普通である．移動式型枠は側壁，中壁用と上床用があり，これらの構造は図2.6に示すとおりである．

沈埋函が奇数函である場合の1函分の施工や，変断面函がある場合は一般的な枠組支保工が用いられる．

(4) コンクリートの配合

沈埋函に打設するコンクリートはマスコンクリートとしての配慮が必要である．プレストレストコンクリート函体では高強度のコンクリートを使用する．配合で問題となるのは温度ひび割れの対策である．壁厚が1m程度と厚く，また暑中のコンクリート打設の時期もある．このためコンクリート打設初期に内部温度の不均一さや拘束条件によりひび割れが生じる可能性がある．パイプクーリング，液体窒素や氷による温度の低下策もあるが，一般的に工費が高く施工管理も大変である．このためセメント量の低減，高性能減水材の使用，低発熱セメントの使用，ていねいなコンクリート養生などの方策が採用されている．

沈埋函は曳航時の乾舷の確保（10～20cm程度）と沈設用バラスト，ポンツーンの容量の設定のため，比重管理を厳密に行う必要がある．このため骨材の選定と量の確保に注意し比重の変動を努めて小さくする必要がある．

(5) 高流動コンクリート

合成構造沈埋函のサンドイッチ部材では，鋼殻内にコンクリートを十分に充填させなければならない．このため自己充填性に優れた高流動コンクリートが使用される．このコンクリートは基本的には締固めが不要である．図2.7に示すように鋼殻のなかに投入孔からコンクリートを投入する．高流動コンクリートは水量，セメント量などに鋭敏な性質があり，配合や施工に十分注意するとともに，コンクリートの充填の確認を検討する必要がある．充填の確認としては打撃法，ラジオアイソトープ法（RI法）などが用いられる．表2.1にこれらの工法の比較

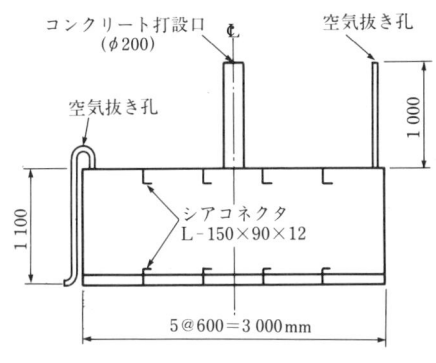

図2.7 高流動コンクリート充填試験の概要

表 2.1 充填の確認方法の比較

	原理・装置	長所・短所
打撃法	人がテストハンマにより、鋼板表面に打撃を与え、その音の差異を耳で聞き分けることにより判断する.	○簡便である. ○検査時期は限定されない. ●検査者の熟達度により判断にばらつきがある. ●隙間の深さの把握は困難である.
超音波法	鋼板表面に送・受信用探触子を設置し、入射された超音波が受信用探触子に到達するまでの時間およびその量を検知して判断する.	○簡便である. ○検査時期は限定されない. ●隙間の深さの把握は困難である.
赤外線法	コンクリートと隙間で熱伝導度が異なることから、発生する温度差を赤外線の放出量としてサーマルビデオシステムにより検知し判断する.	○ある程度の範囲の状況が一度で観察できる. ●隙間の深さの把握は困難である. ●検査時期は限定される.
放射線法	鋼板に設置した測定器の中性子源から放射された中性子がコンクリートに衝突・散乱して、再び測定器に戻ってくる量(強度)を測定し判断する.	○計数と隙間の深さの関係より、ある範囲の深さが定量的に求められる. ○検査時期は限定されない. ○検査時間は 1 分程度である.

を示す.未充填の箇所には,検査後に樹脂やモルタルにより充填補修を行う.

2.1.3 端部鋼殻の製作

沈埋函の両端には端部鋼殻と呼ばれる鋼殻が取り付けられる(図 2.2 参照).端部鋼殻にはゴムガスケット用の鋼板,連結ケーブルの通り孔が設けられる.端面は平坦性が確保されるように精度良く製作される.端部鋼殻の奥行きは 1.5 m 程度であり,内部には最終的にモルタルなどが注入される.端部鋼殻にはバルクヘッドと呼ばれる鋼製の仮隔壁が取り付けられる.沈設接合作業終了後に取り外されトンネルが通じるが,それまでの止水壁の役割を果たす.

2.1.4 艤装工事

沈埋函の艤装は，曳航，沈設，仮置きなどのための諸設備を取り付けることである．製作ドック内では，沈埋函内のバラストタンクの設置，電気・換気施設の設置，係留用のボラードの設置，アクセスシャフトの取付け，ゴムガスケットの防護工などを行う．仮置き場所では，ウィンチタワー，測量施設，端面探査装置，引き寄せと位置修正のための油圧ジャッキの取付け，沈設ポンツーンの取付けなどを行う．艤装ヤードは，トンネル建設地点に近く，静穏な水域にあって，沈埋函を安全に係留でき，かつ資材の搬入に便利な地点を選ぶ．艤装ヤードは必要な水深が得られるように，護岸から適当な離れをとって桟橋を設ける構造とする場合が多い．艤装工事のために設置する諸設備の一例を表 2.2 に示す．

表 2.2 艤装工事用の諸設備

項 目	内 容	数 量	摘 要
艤 装 桟 橋	10×60 m　前面水深 -7.50 m	3 基	A,B 桟橋　既設 C 桟橋　新設
係 留 設 備	陸上ボラード 200, 150, 40 t 海中アンカー 150 t	3 函	A,B 用　既設 C 用　新設
電 気 設 備	受電所 600 kVA　　400 kVA	2 か所	600 kVA A,B 用既設 400 kVA C 用　新設
給 水 設 備	$\phi 50$ mm 配管布設	1 式	
函 内 排 水 設 備	排水ポンプ，ヘドロスイーパ	6〜10 台	
タワークレーン設置	定置式 JCC–180　$R_{\max} = 40$ m，3.0 t 吊	6 基	各桟橋 2 基
門形クレーン設置	スパン 12 m，高さ 7.25 m，2.5 t 吊	1 式	鉄筋加工場
鉄 筋 加 工 機	鉄筋曲げ切断機 3.7 kW	6 台	〃
渡 り 桟 橋	係留中の架設通路　スパン 11 m, 20 m	6 基	
函内昇降および足代工	函上足場および螺旋階段	1 式	
換 気 設 備 工	送風機 $\phi 300$　400 m²/min　2.2 kW	8〜10 台	
仮 建 物 工	休憩所兼倉庫，監督員詰所	3 棟	プレハブ式
沈 埋 函 防 護 工	防護堤 $l = 10$ m もの 32 本，カーテンキャンバス付	2 函分	上床コンクリート前設置

2.2 トレンチの浚渫

　沈設に先立ってトンネル沈設位置で行われるトレンチの掘削は，航路浚渫に比べると掘削深度が深く，かつ掘削底面の平坦度の精度が要求される．一般に使用されている浚渫船には，ポンプ式浚渫船，ドラグサクション船，グラブ式浚渫船等があり，土質，掘削深度，精度，汚濁の程度，運搬方法等を考慮して浚渫方法を選定する必要がある．

　浚渫土量は一般に多量になり，航路との関連で施工上の制約がある場合等では，沈設時よりも相当前から浚渫を開始する必要がある．その場合，掘削底面地盤のリバウンドにともなう強度低下や浮泥の堆積が考えられるので，荒掘りと仕上げ浚渫に分けて行い，沈設工程に合わせて仕上げ精度の良い方法で仕上げ掘りを，沈設直前には必要に応じて堆積沈泥の吸い上げを行う．施工事例によると，水深 25 m 程度まででは仕上げ精度は±30 cm 程度である．

　浚渫断面ののり面勾配は，土質のほか存置期間や流速，波浪の影響等を考慮して安定を保つように決定する必要があるが，今までの事例では 1：1.5～1：3 の範囲が多い．なおトレンチ底面は，地盤表面の乱れや沈泥の吸収等の効果をねらって，栗石や砂岩を投入しポンプ式浚渫船の先端にブレードを取り付けた基礎均し装置等を用いて基礎底面を均す方法がとられる．

2.3 沈設と接合

　測量塔，作業員の出入孔，沈設用の諸設備の取付けを沈埋函に行った後，通常 4～6 隻のタグボートにより 1～1.5 ノットの速度で沈設現場まで曳航する．沈設作業では，10 cm 程度のごくわずかな乾舷で浮いている沈埋函の浮力分の荷重を加えて，海底の所定のトレンチ位置に沈設させる．荷重の付加方法は，沈埋函内に水槽を設け水荷重を加える．

　沈設には，プレーシングバージ（沈設作業船），ポンツーン等を用いる．沈設方法は現地での潮流や波浪，航行船舶の状況等を勘案して決定される．船舶の航行が多い箇所に沈埋トンネルを沈設する場合，航路の閉塞は 1～2 日で済む．図 2.8 にプレーシングバージによる沈設例を示す．沈埋函は，係留ワイヤによって固定されたプレーシングバージより，4点で吊下げた状態でゆっくり沈降させる．沈

降中の沈埋函と既設の沈埋函との相互の位置関係は，超音波を利用した距離計を利用する．沈埋函の位置修正は，プレーシングバージ上の微調整ウィンチを用いて行う．座標の設定には，トランシットや最近では GPS（衛星を利用した測量）が使用される．既設の沈埋函の端部に設けられた仮受けブラケットと海底地盤に設けられた仮支承台の上に沈埋函を設置する．この後，沈埋函の接合を行う．沈埋函の沈設方式には，固定足場方式，ポンツーン方式，双胴船型沈設作業船方式（プレーシングバージ）等がある．

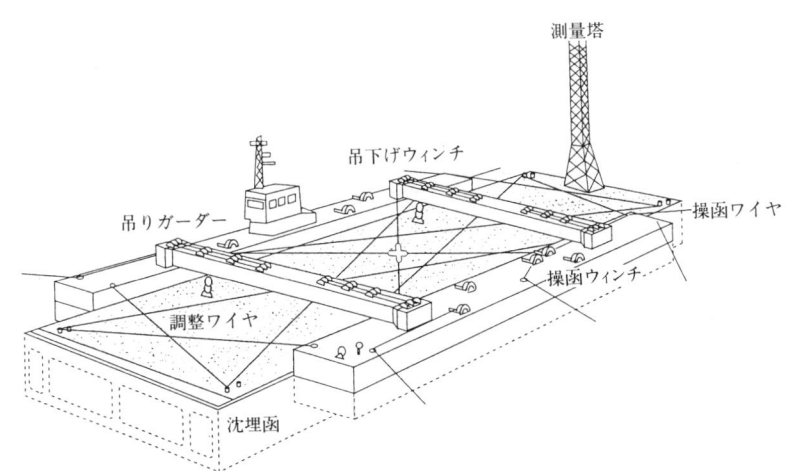

図 2.8 プレーシングバージ方式による沈設作業

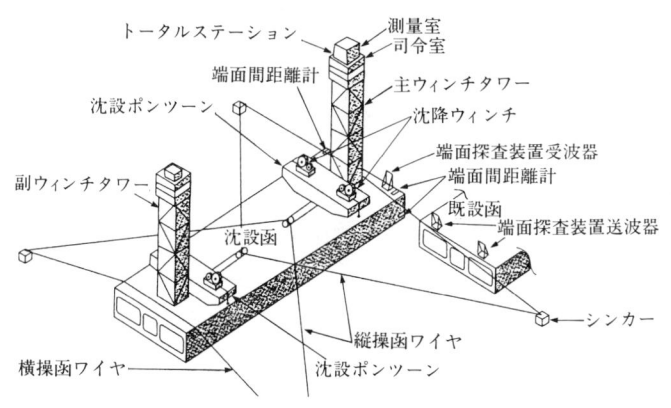

図 2.9 ポンツーン方式による沈設作業

22　第2章　施工方法

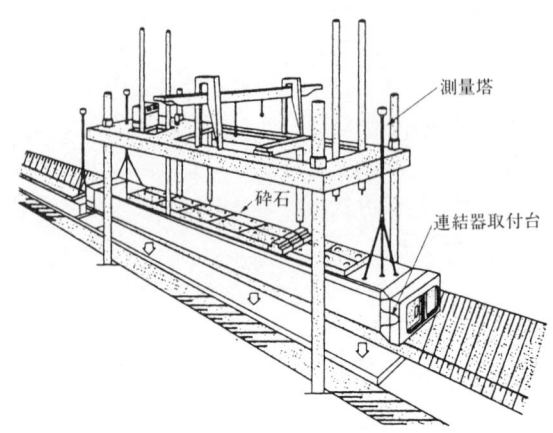

図 2.10　固定足場による沈設作業

　これらの方式には各々一長一短があり，沈埋函の規模，現地の作業条件等を考慮して適切な方法を採用する必要がある．沈設方式は，それにより沈埋函の艤装，曳航時の重量（乾舷に影響する）となるものもあるので，できるだけ早い時期に決定しておくのが望ましい．図2.9にポンツーン方式，図2.10に固定足場による沈設状況を示す．

　既設の沈埋函と沈設された沈埋函とは，油圧ジャッキによって引き寄せられる．水中接合の方法は，図2.11に示す水圧圧接方式が一般的である．水圧圧接方式では，エレメントの接合端面外周に取り付けたゴムガスケットを密着させ，双方の仮隔壁にかかる数百トン〜数千トンの静水圧によって図2.12に示すようにゴムガスケットは圧縮され止水される．これを一次止水という．

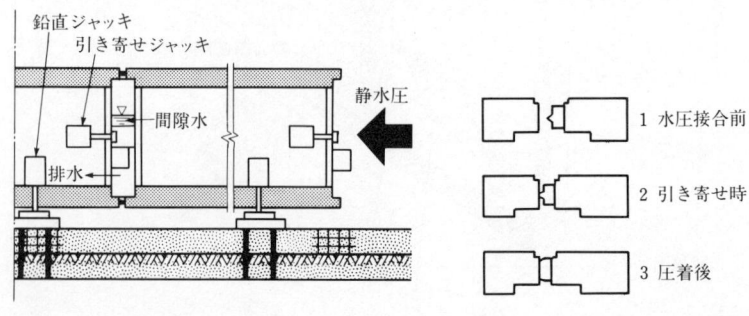

図 2.11　水圧圧接　　　　　図 2.12　ゴムガスケットの圧縮

2.4 継 手

　接合部は沈埋函どうし，沈埋函と換気所，陸上トンネル間に存在する．また最終函の位置にも存在する．接合部は，地震，温度変化，不等沈下等に対して十分な強度と水密性が要求される．接合部本体は，剛結合と図 2.13 に示す可撓性結合とに分類される．剛結合は，沈埋函本体の剛性と同程度の剛性をもつよう接合部の設計を行う．可撓性結合ではゴムガスケット，PC鋼棒等を用いて接合部で沈埋函の移動を吸収する．可撓性結合にすることにより，不等沈下への追随性や地震時の函体の応力度の低減が期待できるが，継手部の強度・変形性能および水密性の十分な確保が求められる．

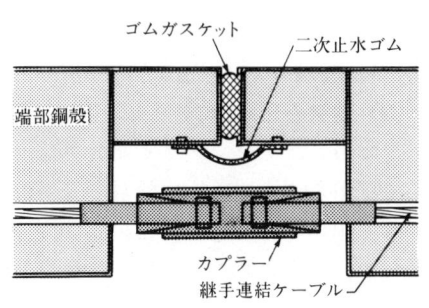

図 2.13　柔継手（可撓性継手）の構造

2.5　基礎と埋戻し

　沈埋トンネルの基礎工法の分類を図 2.14 に示す．ここでは一般的に用いられる連続支持形式の基礎工法，および杭基礎を採用する場合の施工法について事例を紹介する．

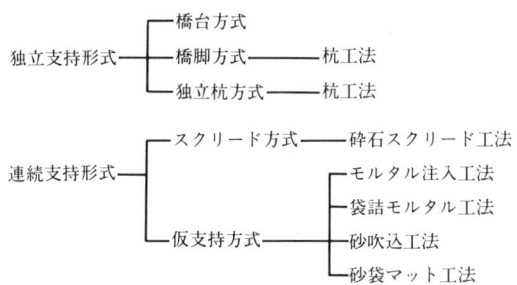

図 2.14　基礎工法の分類

(1) スクリード方式

スクリード方式では敷き均した基礎上へ直接沈埋函を設置するため，いかに正確に基礎の敷均しを行うかが重要である．基礎の敷均し方法は沈設方法とも関連し，海上足場や沈設作業船を利用して敷均しが行われる．鉄道トンネルなど円形または眼鏡形の小断面のものに用いられ，海外での事例が多い．

(2) 砂吹き込み方式

この方式はデンマークで開発され，オランダのマーストンネル（1942年）に初めて採用され，以後，広幅員の長方形断面沈埋トンネルに対しヨーロッパを中心に多く用いられてきた．この工法の原理は，沈埋函上に設けられたガントリークレーンに支えられたパイプ（3本が1組になっている）のうち，中央のパイプから砂を水と一緒に噴射し，同量の水を他の2本のパイプで吸引して函底と地盤との空隙に砂を充填するものである．この工法で問題なのは砂の供給が沈埋函の外から行われる点で，作業が気象条件の影響を受けることである．また砂の充填についても確認が完全にできないため，最近では日本で開発されたのと同様な沈埋函内から基礎を造成する方法がとられている．また地震時の液状化が問題となる場合にはこの方法には注意が必要である．

(3) モルタル注入方式

モルタル注入方式の基礎工法は，あらかじめ函底にナイロン袋を連続して配置しておき，沈埋函を沈設仮支持させてから，沈設作業船上に用意されたモルタル注入装置と袋をホースで接続し，ナイロン袋のなかにモルタルを注入する方法と，沈埋函内部から直接函底の空隙にモルタルを注入する方法とがある．前者の例にはティングスタットトンネル（スウェーデン），衣浦港トンネルがある．後者の方法は東京港トンネル（首都高速道路公団）において開発された工法で，沈埋函の底版にあらかじめモルタル注入孔（直径3インチでボールバルブ付き）を4〜9m間隔に設置しておき，沈設後に函内からこの注入孔を通して流動性のよいモルタルを，水圧より若干高い圧力で注入し連続的な基礎を造成するものである．この工法を図2.15に示す．

モルタル注入工法の利点は函内から施工でき，気象条件や航路への影響がないこと，注入孔からモルタルの充填度が確認できることである．この工法は，わが国においてそれ以後広く採用されている．

注入するモルタルは流動性がよく，地盤反力に対して所定の安全度をもつ強度でなければならない．東京港トンネルにおいては，種々の配合に対して流動性，強度の試験を行い，セメントベントナイトモルタルを使用している．

2.5 基礎と埋戻し　25

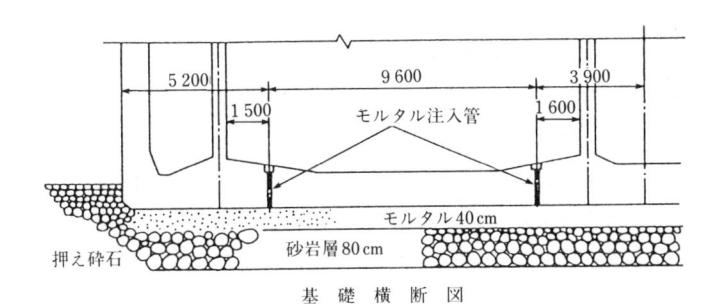

基 礎 横 断 図

図 2.15 モルタル注入基礎工法（東京港トンネル）

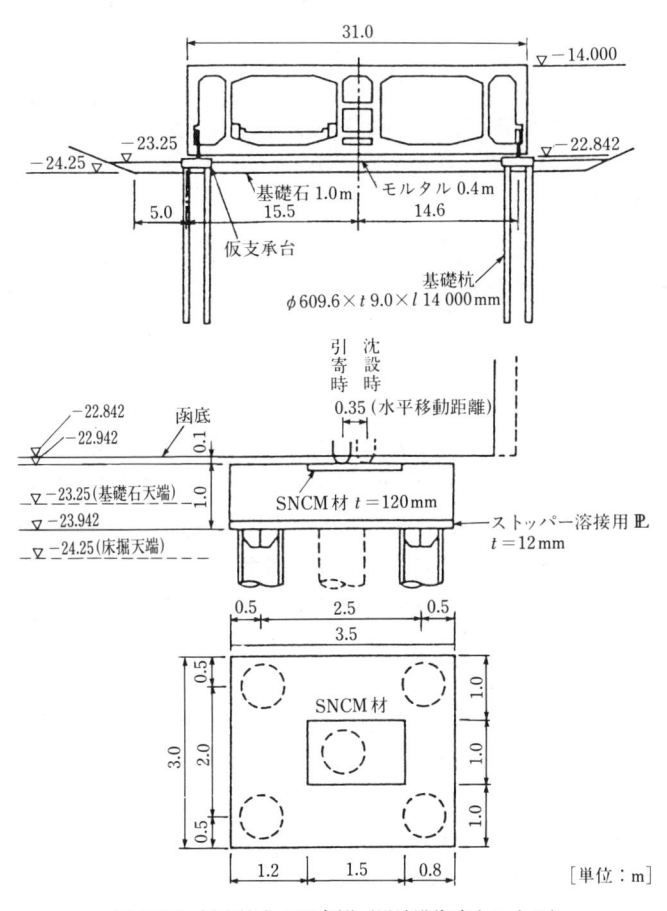

[単位：m]

図 2.16 仮支持台の工事例（川崎港海底トンネル）

(4) 仮支持台

沈埋函を仮支持して函底と地盤面の間の隙間に基礎材を充填させる基礎工法では，沈埋函を一時的に支持するための仮支持台を設置しておく必要がある．沈設する沈埋函の既設函側は，沈埋函端面に相互に取り付けた仮受けブラケットで支持させるため，仮支持台が必要になるのは新設函側である．仮支持台は一般にコンクリートブロックが用いられ，地質に応じて砕石置き換え基礎の上に直接設置する場合と，軟弱地盤で沈下の影響が大きいときなどに摩擦杭を用いる場合とがある．

沈埋函には沈設後の高さの調整を行うために，この仮支承の位置に高さ調整用ジャッキを設け，ジャッキのロッドを函底に出し，ここで仮支持の反力を受けるようにしている．また沈埋函は仮支持後，継手部接合の際に軸方向に移動することと，荷重支持点に大きな反力が集中荷重として作用するため，仮支持台の表面には高硬度の鋼材（SNCM材）を埋め込み，摩擦の低減と支圧応力の緩和をはかる工夫がなされている．仮支持台の構造例を図 2.16 に示す．

(5) 杭 基 礎

沈埋函の基礎として杭基礎を用いる理由は，主に周辺の地盤の沈下対策である．杭基礎を施工する場合に問題となるのは，海上等において施工効率の良い杭の種類と打設方法の選択，杭の打止め高さと平面的位置の精度，等である．海上工事において最も施工しやすいのは，一般的には鋼管杭であり，杭径も 1 m 前後のものが扱いやすい．

杭はトレンチ底面下に打ち込まれるため水深が深く，位置決め，打止め高さに対しては慎重な施工が要求される．杭頭部の不陸によって特定の箇所に杭と函底部が接触したり，また地震や温度変化に対しても杭頭部に力が集中することが考えられるので，できる限り均一に杭と函体が接触する工法を採用することが必要である．杭頭部の構造については，図 2.17 に示したような事例のほか，各国でも工夫がなされているが，できるだけ単純な構造で施工しやすく，かつ所定の機能が満足されるものを選定する．

沈設作業後，図 2.18 に示すように直ちに沈埋函周辺を砂利やズリ等で埋め戻す．埋戻し材料は，安価で入手が容易であることが重要であるが，地震の発生が予想される地点では，地震時に流動化が生じない材料を用いる．

沈埋函の上部は，投走錨や沈船による被害を防ぐため，通常 1.5～2.0 m の土かぶり厚さを確保する．また，沈埋函の浮き上がりや洗掘をも考慮する必要がある．完成後の浮き上がりの安全率は土かぶり厚さを考慮して 1.2 以上を確保するよう

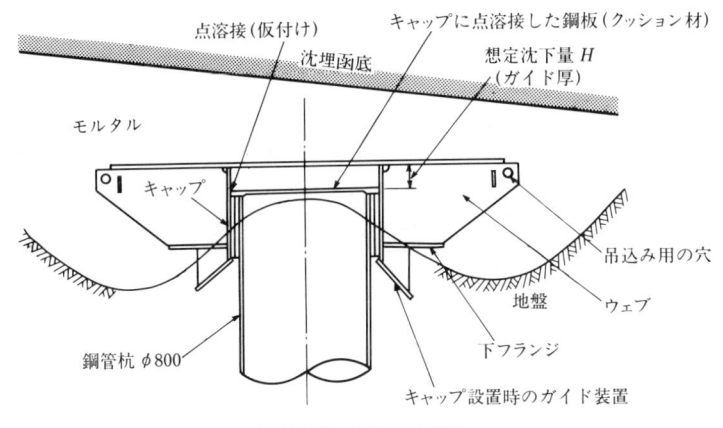

図 2.17　杭頭部の構造

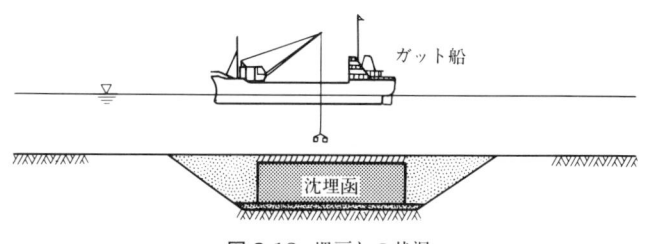

図 2.18　埋戻しの状況

にする．

参考文献

1) 久米 仁司，他 3 名：沈埋トンネル・フルサンドイッチ構造部への充塡を対象とした高流動コンクリートの施工実験について，コンクリート工学年次論文報告集 Vol.17, No.1, pp.203–208, 1995
2) 清宮 理，木村 秀雄，渡辺 英夫：未充塡部を有するサンドイッチ部材の基本的な力学性状，第 3 回合成構造シンポジュウム，pp.61–66, 1995.11
3) 沿岸開発技術研究センター：鋼コンクリートサンドイッチ構造沈埋函の設計と高流動コンクリートの施工，1996.11
4) 沿岸開発技術研究センター：沈埋トンネル技術マニュアル，1994.4
5) 高橋 正忠：国内外における沈埋トンネルの実績調査，トンネルと地下，pp.45–60, 1996.4
6) 日本港湾協会：川崎港海底トンネル工事誌，1981
7) 土木学会：鋼コンクリートサンドイッチ構造設計指針（案），コンクリートライブラリー 73, p.100, 1992

8) JTA 沈埋浮きトンネル小委員会：国内外の沈埋トンネルの実績調査，トンネルと地下，pp.45-60, 1996.4
9) JTA 沈埋浮きトンネル小委員会：沈埋トンネル ITA 報告書概要，トンネルと地下，pp.55-68, 1998.11
10) 三橋 郁雄：大阪南港沈埋トンネル建設工事，土木施工，Vol.48, No.5, pp.31-43, 1993
11) 運輸省，大阪市：大阪港咲洲トンネル工事誌，1998
12) 首都高速道路公団：多摩川・川崎航路トンネル工事誌，1995.12
13) 神戸市，運輸省：神戸港港島トンネル工事誌，1999
14) 日本埋立浚渫協会：沈埋工法と施工事例，1998
15) 建設産業調査会：最新トンネルハンドブック，1999
16) 東京都港湾局東京港第二航路海底トンネル工事誌，1980

第3章 計　　画

3.1 計画の手順と主な配慮事項

　沈埋トンネルの計画を立てるにあたっては，次に示す各項目について概略の検討を行って，全体としての見通しを立てておく．
　① 沈埋工法採用の妥当性
　② 平面，縦断計画
　③ 断面形状
　④ 沈埋区間長と函体長
　⑤ 立坑位置および護岸処理方法
　⑥ 沈埋函の製作ヤード
　①については次節で述べ，②～⑥について概要を述べる．
　まず水路横断等のルートと縦断線形を計画したうえで，トンネルの総延長および取付け区間を含む路線全体を把握しておく．次に，トンネルの用途に応じた所要内空断面とその配置を検討し，沈埋函の概略断面形状を設定する．目的とする内空断面のほかに，付帯施設として必要な内空も考慮する．道路トンネルの場合には，トンネル延長，交通条件に応じた換気計画を立て，必要ならば換気ダクト等の断面を設ける．
　トンネル全長のうち沈埋区間をどれだけにするかは，護岸周辺の立地条件と，護岸前面の水深，陸上部の施工深度等を念頭において計画する．沈埋区間の分割数，すなわち沈埋函の長さは，施工中の航路使用条件や沈埋函の継手に可撓継手を採用する場合の継手設置間隔などを考慮して計画する．
　立坑の設置目的は，本来は沈埋函沈設の起終点となる構造物としての役割をもつものである．道路トンネルの場合には，同時にこれをトンネル施設収容建物として利用し，上屋構造物を設けるとともに，換気のために立坑の上に高い排気タワーを立てる構造が多くとられる．しかし換気所は必ずしも立坑位置にある必要はなく，トンネル軸線から分離して建てられることもあり，事例としては川崎港

海底トンネル，港島トンネルがある．このような場合，沈埋トンネルの始終端は，施工中は立坑の役割を果たすが，完成後は沈埋トンネルと陸上トンネルが接続する構造となる．

　護岸処理方法は，沈埋函沈設時に必要な仮護岸と，完成系の護岸形態の両者を考慮して計画することが重要である．特に沈埋トンネルが護岸法線のなかに入り込む場合，沈埋トンネル上部を水面として残した入り江方式にできるのか，埋め戻さなければならないかは，トンネルの構造，沈下性状への影響が大きいので慎重に計画すべき事項である．

　沈埋工法では沈埋函の製作方法と製作場所の選定が計画上重要な課題である．予備検討の段階では，沈埋函の施工方式を特定できない場合が多い．したがって，ドライドックを使用してコンクリート構造沈埋函を全函同時に製作する方法，既設の造船ドックなどを利用して鋼殻形式の沈埋函を順次製作する方法など，いくつかの方法を多面的に計画しておき，外的条件等と製作ヤード選定との関連性を整理しておくのが望ましい．

3.2　水域横断形式の比較

3.2.1　概　　説

　沈埋トンネルを計画する最初の段階では，建設地点の地形，地質条件，各種の制約条件等を把握したうえで，まず橋梁など他形式による水域横断方法との比較検討が通常行われるので，ここでは一般論としてこの点にふれる．

　船舶航路，河川，海峡などの水域を横断するには，現在の技術で次の形式が考えられる．
① 橋梁
② 浮き橋
③ 水中トンネル
④ 沈埋トンネル
⑤ シールドトンネル
⑥ 山岳工法トンネル

　橋梁はスパンの選択，つまり橋脚をどこに設置できるかによって，経済性の面から採用可能性の是非が判断できる．浮き橋は比較的静穏な水域でかつ水域の中間に橋脚が設置できないほど水深が深い場合に採用されることがあり，北欧のフィ

ヨルド地形のところなどに事例がある．

トンネルを採用する場合は通常は沈埋工法，シールド工法，山岳工法のどれかであり，水深，トンネル延長，地質などにより適切なものが選択される．

水中トンネルは，水面下から水底までの位置に，水底からのアンカーまたは水底の支持台でトンネル構造体を水中に固定したトンネルである．世界でもまだ事例がないが，北欧および日本で研究が行われており，実現可能な段階にきている．水中トンネルは浮き橋と同様に水深が非常に深いところに有利な形式である．

これらの水域横断形式から，周辺の立地条件および地形，地盤条件，水域の幅，水深の深さ，航行船舶などを考慮して比較可能ないくつかの形式を抽出し，構造上の得失，運用上の長短，経済性などを比較検討する．

3.2.2 橋梁との比較

沈埋トンネルの代替案としてまず比較対象になるのが橋梁である．規模に応じた橋梁形式による代替案を作成し，工費，工期，構造上の得失，運用上の長短などについて比較検討する．

橋梁形式と比較する場合，横断する水路等の規模によって状況が異なる．

大型船が航行する航路の場合は航路幅は200～400m程度あるため，橋梁案では大規模な基礎と高い橋脚をもった長大橋梁となり，トラス橋，斜張橋，吊橋などが比較する橋梁形式となる場合が多い．港湾区域の軟弱地盤上にこのような長大橋の基礎を構築するには多大な費用を必要とする．一方，沈埋トンネルでは延長の長いことは特に問題とはならず，設置深度が大きい場合でも，函体は浮力に対抗する重量が必要であり，もともとある程度の部材厚は必要で，水深が大きくても応力上特別に問題になることは少ない．

港湾地域の主要な航路を横断するようなケースでは，数万トン～10万トンの最大級クラスの船舶が航行するため，この場合必要なクリアランスは水面上50m以上，水深は12～15mである．これらに橋梁の桁高，沈埋トンネルの土かぶりと内空高を考慮すると，地表面からの取付け高さは，橋梁で+55m程度，沈埋トンネルでは−30m程度で，高低差の違いは25m程度にもなり，航路横断に必要な取付け区間全長が，沈埋トンネルでは著しく短くできる．橋梁ではアプローチ部に長い距離が必要になり，それだけ余分に用地を必要とすること，縦断勾配区間が長く続くことから交通上の面から不利になる．沈埋トンネルでは，航路部に橋脚などの障害物がなく，船舶航行上からは有利である．ただし，工事中の航路確保については慎重な計画が必要となる．

中小河川のように横断する水路幅が比較的狭く，橋梁でも桁形式橋梁で可能な場合や，高いクリアランスが必要ないときには，一般に工費は橋梁の方が安価である．このような条件でも沈埋トンネルが採用されるケースは，周辺の立地条件からの制約など，工費以外の面からの理由が存在するときである．

冬期に凍結，積雪，強風のある場所では，通行の安全性や維持管理でトンネルが有利となる場合がある．

3.2.3 他のトンネル工法との比較

水底トンネルとして採用される他の工法としては，シールドトンネル，ケーソン工法，締切開削工法がある．

このうち，締切開削工法は比較的水深が浅く延長の短い河川を横断するようなときには経済的である．延長が短くても水深が深い場合は，まれにケーソン工法が用いられることがある．延長が数百 m 程度，水深が 10 m 程度の沈埋工法の比較対象となるのはシールドトンネルである．水底トンネルとしての計画で，シールド工法が沈埋工法と最も大きく異なる点は，シールド工法ではトンネルの浮き

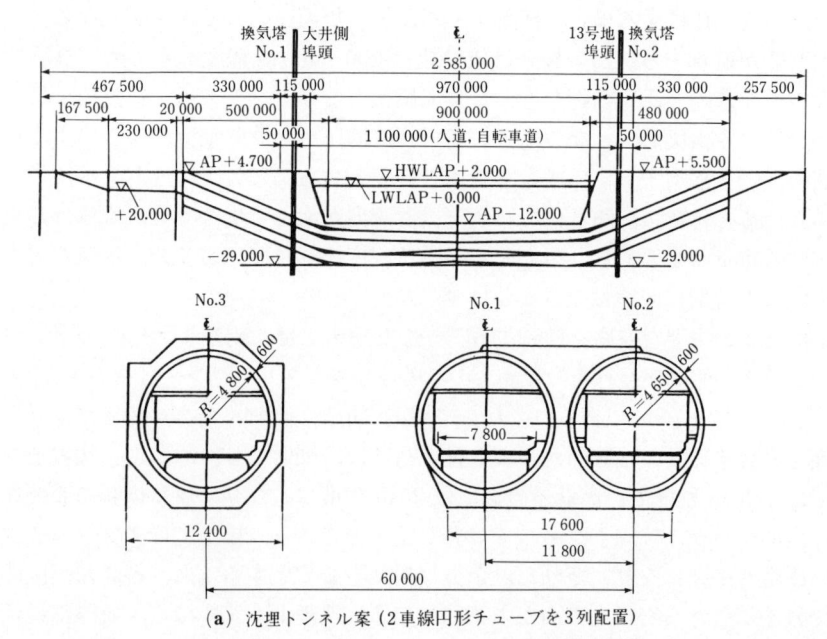

(a) 沈埋トンネル案（2車線円形チューブを3列配置）

図 3.1-1 橋梁案およびシールドトンネル案との比較

(b) シールドトンネル案

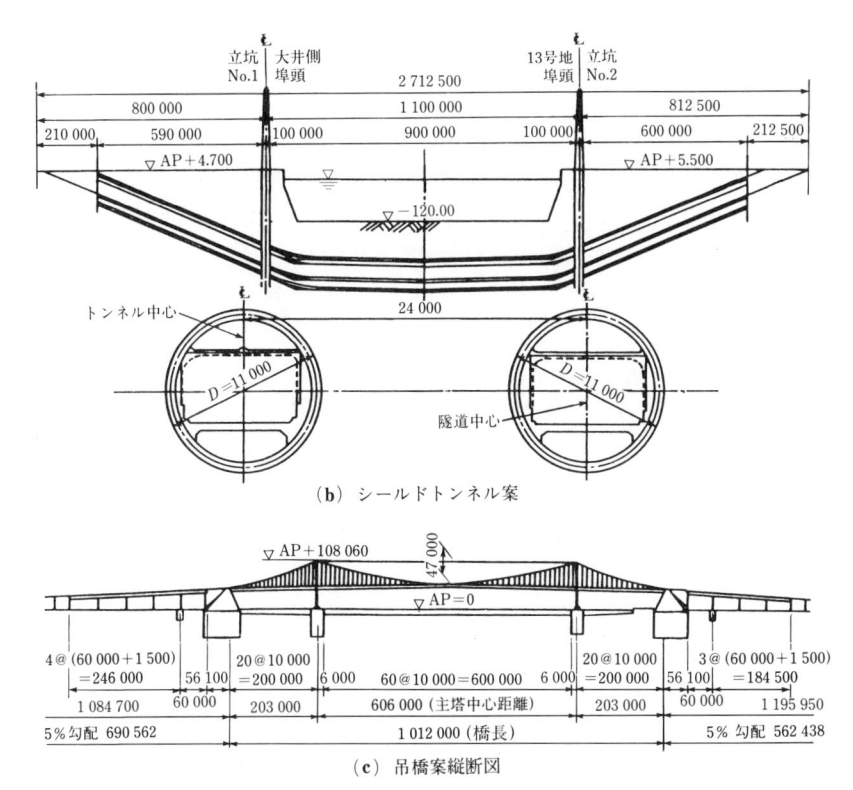

(c) 吊橋案縦断図

図 3.1-2 橋梁案およびシールドトンネル案との比較

上がりに対する安定性の確保,およびシールドの安定掘進のため,沈埋トンネルに比べて大きな土かぶりが必要で,その結果,トンネル延長が長くなることである.一方,シールドトンネルの利点は,工事中も船舶航行など,水域への影響がないこと,土砂処分量が少ないことである.東京港トンネル(首都高速道路公団)において,計画初期の段階で橋梁案,シールドトンネル案との比較を行った事例を図 3.1 に示す.

3.3 平面・縦断線形の計画

沈埋トンネル計画位置に対して，何ケースかの比較路線を引き，トンネルの用途に応じて許容される線形条件の範囲で概略の平面，縦断線形を設定する．そのなかで最も経済的で無理のない線形であり，構造的にも沈埋函の製作が容易になるものがよい．沈埋トンネル部の線形検討の際，具体的に考慮すべき点は次のような事項である．

3.3.1 沈埋トンネル始終端の位置

沈埋工法で施工する区間，すなわち沈埋トンネルの始終端の位置を最初に設定する．始終端位置の決定要因には次のようなものがあり，これらを総合的に評価して，最も妥当と考えられる位置を決定する．
① 沈埋トンネルの頂部が水面下に位置する深さであること．
② 施工時の護岸処理や完成後のトンネルへの荷重条件，護岸部分の土地利用条件などから，護岸線位置との関係を十分考慮すること．
③ 両側取付部トンネルの深度や，施工に必要な仮締め切りの占める範囲などの施工条件が厳しくならないよう注意すること．
④ 立坑位置が周辺の土地利用などで限定される場合，そこが沈埋トンネル端部となることがある．
⑤ トンネルが断面変化する場合，沈埋函の形状変化を考慮し，沈埋函の製作，運搬に支障がない範囲とする．

3.3.2 平面線形

沈埋トンネル区間に平面曲線が入らなければ沈埋函の製作が容易になり，沈埋トンネル部は直線とするトンネルが多い．平面曲線半径は $R = 300$ m 程度までの施工実績があり，施工上の制約になるわけではない．平面曲線と縦断勾配が組み合わされると，沈埋函の形状寸法が複雑になることを考慮しておかなければならない．

3.3.3 土かぶりと縦断線形

沈埋トンネルは，完成後にはそれ自体の重量で浮力に抵抗して安定させるため，原理的にそれ以上の重量追加はいらないが，沈埋函自体の防護や洗掘防止のため

にトレンチを埋め戻し，沈埋函の上面は所定の土かぶり厚をとる．したがって，水底面または必要な航路水深の下に沈埋函の上面がくるように縦断線形を設定する．

　沈埋函上面の土かぶり厚をどの程度にするかは，縦断線形設定のコントロールポイントとなり，全体の計画および経済性に影響する．土かぶり厚さは，世界各国の事例では，50 cm～2 m 程度の範囲にあり，航路や船舶航行の規模，流況など，水域の状況によって設定される．大型船舶の航行する航路では，投錨，走錨時の錨の貫入深さと錨の重量の関係が実験的に求められており，この結果に基づき，錨から沈埋函を防護するのに必要な土かぶり厚を決定することができる．これらのほか，現状よりも深い将来計画の航路水深を確保することもあるので，港湾区域にある沈埋トンネルでは，港湾計画と整合の取れた設置深さとする必要がある．

3.3.4　計画縦断線形と沈埋函の縦断

　沈埋函1函の縦断形状は一般に直線で製作されるため，沈埋トンネル区間全体は函体の継手位置で折った折れ線で構成される．したがって，路面位置等の計画縦断線形に縦断曲線が入ると，沈埋函の縦断形状との間に相対差ができ，内空高さや路床厚さが位置によって変化する．この相対差があまり大きくならないような縦断線形および沈埋函の長さを設定する．

3.3.5　沈埋函の長さの設定

　沈埋函の長さ（沈埋区間の分割数）は，上述の線形との関係のほか，断面サイズとの関係，沈設方法，沈設時の航路切替えとの関係，沈埋函の継手の配置間隔との関係などの諸要因を考慮して設定する．

　沈埋函の断面の大きさと函体長とは関連性は少ないが，鋼殻構造で小断面の場合などは，曳航運搬時の剛性，変形などに注意して長さを決める必要がある．沈設工事中の航路確保は沈埋工法では重要な問題であり，函体長を決定する重要な要因でもある．また沈埋函の継手を可撓性継手とする場合は，地震時や沈下および温度変化による沈埋函の発生応力が函体長と密接に関係する．沈埋函の長さは，これら設計上の要求と施工方法，施工条件を勘案して適切な長さとする必要がある．道路，鉄道トンネルの事例では，通常100 m 前後が多いが，最近の事例では180 m くらいのものもある．

　取付部も含めた道路トンネルの場合の構造区分の事例を図3.2に示す．

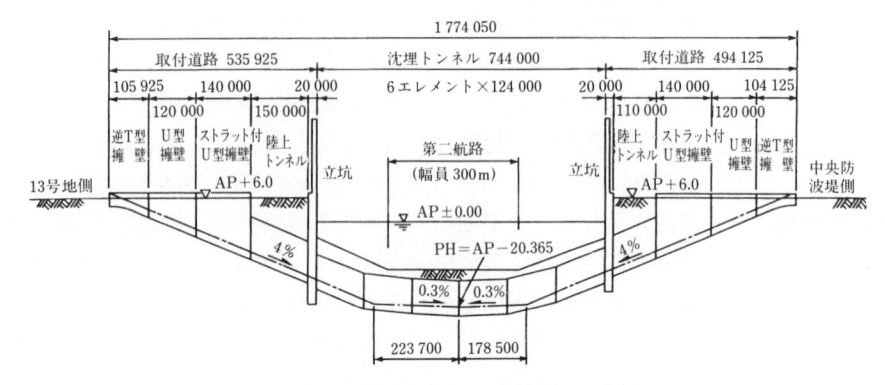

図 3.2 沈埋トンネルの構造区分の事例
(東京港第 2 航路海底トンネル)

3.4 トンネル断面の計画

3.4.1 内空断面

　内空断面の構成要素には，トンネルの用途に応じて主目的とする道路空間（車道，人道などを包括する建築限界），鉄道の建築限界などのほかに，管理用通路，避難通路，換気施設用のダクトおよびジェットファンなどの機器設置空間，共同溝空間，照明施設，通信施設，防災施設，標識設置スペース，内装および耐火被覆設置スペース，浮き上がり防止のためのバラスト設置空間，平面縦断曲線や横断勾配の設置にともなう断面拡大空間，施工精度を考慮した余裕空間などがある．
　沈埋トンネル特有の必要空間として，浮き上がり防止用のバラスト空間がある．これは通常道路の路床構造または軌道を支えるバラストとして，車道または軌道の下方に設置し，砕石やコンクリートを用いた構造とする．他の用途のトンネルの場合も，トンネル断面の下部に歩行用の路面または床構造として設置する．

3.4.2 横断面形状

　トンネルの用途に応じて，各種必要内空の配置を検討し，外形断面積および躯体断面積が最小で，かつ重量と浮力のバランスが取れており，応力上も合理的な沈埋函の断面形状を設定する．
　沈埋函の重量と浮力の関係は，沈埋函の曳航のためには必要最小限の浮力で安定して浮上でき，沈埋トンネル完成後には最小限の付加バラスト量で所定の浮き

上がり安全度を確保できるのが最も合理的かつ経済的である．この目安となる値は，沈埋函の見かけの重量が全浮力の1%程度となるのが適当である．高さが10mの長方形沈埋函であれば，乾舷量（水面上に出る高さ）は約10cmとなる．

　沈埋函横断面の形状には大別して長方形と円形があり，これらの変形で八角形，眼鏡形などがある．沈埋トンネルの歴史的発展過程から，円形タイプは鋼殻方式でアメリカに多く，長方形タイプはコンクリート方式でヨーロッパおよび日本で多く用いられている．道路2車線や鉄道複線程度までの比較的小さい内空断面であれば，円形や眼鏡形は構造的に有利な形状である．3車線以上の広幅員道路などでは，円形に比べて沈埋函の高さが低くできるため，長方形タイプが相対的に有利となる．どのような沈埋函形状を選定するかは，内空断面の規模，配置すべき内空の種類と位置，構造上の優劣などを勘案して定めるのがよい．

3.5　トンネル施設の計画

　トンネルの基本計画の段階では，取付部も含めたトンネル全体としての施設計画もまた重要である．特にトンネル運用にあたって各種設備が必要な道路トンネルでは，立坑部，換気所，アプローチ部，管理棟，トンネル監視施設，受変電所などの基本配置計画を行うとともに，トンネルを含む広域道路交通管制，維持管理作業基地，防災施設の運用と非常時避難計画などについても検討しておく必要がある．トンネル施設の計画・設計の詳細については他の専門書に譲ることとする．

3.6　沈埋函の構造と施工計画

　沈埋函の構造形式と製作方法の比較を説明する．
　ドライドック方式の場合は，使用できる用地の規模から，配置函数と使用回数を定める．ドライドックを新設する場合は，土質条件と使用回数等にもよるが，オープン掘削によるのが最も経済的である．ドライドックはトンネル建設地点の近くに必要な規模のものがあれば申し分ないが，一般にはこのような用地は得にくく，その場合，アプローチ部分の用地を利用してドライドックを造成している例がいくつかある．また，大型の造船ドックを利用することもある．

鋼殻方式の場合は，現地と製作場所との距離，曳航航路の条件等を考慮して鋼殻製作ヤード，艤装ヤードの場所を検討する．

ドライドック方式か鋼殻方式かは，計画の初期段階で決定していない場合もあるので，両者について得失を比較検討し，方式選定の決定要因となる主要事項を把握しておく必要がある．いずれにしても製作ヤードの位置，規模によって，沈埋トンネルの設計方法，製作方法，さらに工期，工費までが左右されるので，計画の段階で多面的に調査，検討しておくことが望ましい．

各種沈埋函の構造と沈埋函製作方法について，それらの特徴を表3.1にまとめて示す．

3.7 工程計画

前節までに述べた沈埋函製作に関する計画と，現位置におけるトレンチの浚渫，基礎工，沈埋函の曳航，沈設，埋戻しなど，主要な工種について概略の施工計画を立て，工事の全体工程を検討しておく．

全体工程および各工種ごとの工程を検討する際の参考として，多摩川，川崎航路トンネルの事例（ドライドック方式）を表3.2に示す．

表 3.1　沈埋函構造形式の比較（その 1）

沈埋函構造形式		鋼殻構造	コンクリート構造
		鉄筋コンクリート式	鉄筋コンクリート式
構造の特徴		・外板およびそれを補強する鋼材からなる鋼殻を製作し，鋼殻を浮かせた状態で内部にコンクリートを打設する構造形式． ・主たる構造部材は鉄筋コンクリート． ・鋼殻は曳航時の外殻，コンクリート打設時の型枠，供用時の防水材としての役割をもち，完成系の構造部材ではない．	・横断面および函軸方向とも通常の鉄筋コンクリート構造． ・一般的に函体端部は鋼製，底面と側面は防水鋼板，上面は防水シートで被覆する防水構造． ・防水鋼板は設計上，強度部材としては考慮しない． ・コンクリートのひび割れに対しては，函軸方向にプレストレスを導入し，ひび割れ制御を図っているものもある．
製作上の特徴	製作ヤード	・鋼殻製作は造船所の船台または造船ドックで行い，型枠・鉄筋・コンクリート打設工事は浮遊状態で行う場合が多い．	・製作工事のすべてを仮設ドライドック，造船ドック，海洋構造部ドックにおいてドライワークで行う．
	鋼板組立	・防水鋼板の組立上の問題は特にない． ・外周を鋼板で被覆しているため防水性は高いが，防食対策が必要． ・浮遊打設のため，補強・補剛部材が必要なことがある． ・鋼板の製作はコンクリート打設終了時まで上面を解放しておく場合と，上面を鋼板で閉鎖し，資材搬入口だけ開けておく場合とがある．	・防水鋼板の組立を鉄筋およびコンクリート工事と併行して行うため作業が繁雑（側面，底面）． ・鋼板は陸上運搬可能なブロックの組立となることが多く，現場溶接が増える． ・鋼板に防食対策が必要．
	型枠・鉄筋・コンクリート打設	・上床版下面と側壁の内面には，型枠と支保工が必要． ・上床版の配筋はきわめて煩雑． ・他部材の配筋の作業性は RC 構造よりもやや繁雑である． ・上床版上面にモルタルを後注入する必要がある．	・型枠組立（側壁，上床版），鉄筋組立（上床版），コンクリート打設の工期短縮を図るため，移動式支保工を使用． ・鉄筋量が多く，防水鋼板近傍など配筋は煩雑であるが，施工実績は多い．
	その他	・基本的には全部材 RC 構造であるが，浮遊打設を条件とした構造なので，補強材が多い． ・マスコンクリート対策や函の継手構造は RC 構造と同じ．	・マスコンクリートとなるためプレクーリング等のひび割れ防止対策が必要． ・函の継手構造は合成構造方式と同じ．
長所・短所		・鉄筋量と補強・補剛部材が多い． ・施工性が悪い． ・製作工期が長い． ・ひび割れ防止対策が必要． ・外周を鋼板で被覆しているため防水性は高い．	・鉄筋量が最も多く，防水鋼板が必要． ・施工事例が多い． ・製作工期が長い． 　（ドック占有期間が長い） ・ひび割れ防止対策が必要．
施工実績		衣浦（道路），扇島海底（道路），川崎港海底（道路），京葉線多摩川（鉄道），京葉線京浜運河（鉄道），隅田川（鉄道），京葉線台場（鉄道）	東京港（道路），東京港第二航路（道路），多摩川（道路），川崎航路（道路），新潟みなと（道路），東京西航路（道路），堂島川（鉄道），洞海湾（ベルトコンベア）

表 3.1 沈埋函構造

沈埋函構造形式		コンクリート構造	鋼・コンクリート合成構造
		プレストレストコンクリート式	オープンサンドイッチ式
構造の特徴		・構造形式としては，横断方向にプレストレスを導入した軸直角方向プレストレストコンクリート構造が基本であるが，鉄筋コンクリート式と同様，横断方向は鉄筋コンクリート構造で，軸方向にプレストレスを導入した軸方向プレストレストコンクリート構造もある． ・防水構造は鉄筋コンクリート式と同様． ・プレストレストコンクリート式は，鉄筋コンクリート式に比べ部材断面の縮小，水密性の向上などの利点があるが，プレストレス導入手順など，設計・施工上の注意が必要．	・固体（下床版，側壁）外面を鋼板で製作後，その内側に鉄筋組立，コンクリート打設を行って鋼コンクリート一体構造とした構造形式． ・外面鋼板を防水鋼板および構造部材として活用するため，鋼材量が大幅に低減される． ・ずれ力に対してはスタッドジベルとスターラップで抵抗させる（下床版，側壁）．
製作上の特徴	製作ヤード	・製作工事のすべてを仮設ドライドック，造船ドック，海洋構造物ドックにおいてドライワークで行う．	・造船ドックまたは海洋構造物ドック内で鋼殻（下床版，側壁）および鉄筋の組立，コンクリート打設，艤装品取付などを行う．
	鋼板組立	・防水鋼板を用いる場合は鉄筋コンクリート式に同じ．	・鋼板の組立をコンクリート工事と切り離して行うことも可能で，工事の簡略化が図れる． ・造船ドックの活用により，既存設備の有効利用が図れ，高品質が確保できる． ・防食対策が必要．
	型枠・鉄筋・コンクリート打設	・型枠組立，配筋は鉄筋コンクリート式に同じ． ・プレストレス導入時に仮設材が必要となることがある．	・RC 構造方式に比べ，鉄筋量が少なく鉄筋組立が容易． ・スターラップを外周の鋼殻への溶殖などにより，配筋を先行作業としてできる． ・上床版上面にモルタルを後注入する必要がある． ・型枠組立（側壁，上床版），鉄筋組立（上床版），コンクリート打設の工期短縮を図るため，移動式支保工を使用．
	その他	・コンクリート打設後，PC 緊張までに養生期間を保持することが必要． ・マスコンクリートとなるためプレクーリング等のひび割れ防止対策が必要． ・函の継手構造は合成構造方式と同じ．	・鋼殻の水平リブ，補強材等の下側にコンクリートが確実に回り込むような打設方法が必要． ・移動式支保工の搬入・搬出作業スペースが沈埋函端面両側に約 20 m ずつ必要．
長所・短所		・プレストレス導入により，ひび割れ制御が可能である． ・PC 鋼材，鉄筋量が多い． ・施工事例は少ない． ・製作工期が長い． 　（ドック占有期間が長い）	・外周を鋼板で被覆しているため防水性が良い． ・ドック占有期間が長い． ・ひび割れ防止対策が必要．
施工実績		Havana Bay（キューバ，道路），Benelux（オランダ，道路），La Marne（フランス，道路），Lilieholmen（スウェーデン，鉄道）	大阪港咲洲（道路・鉄道併用），神戸港港島1号函（道路），新衣浦海底1，2号函（道路）

3.7 工程計画

形式の比較（その2）

鋼・コンクリート合成構造	プレキャストセグメント構造
フルサンドイッチ式	鉄筋コンクリート式/プレストレストコンクリート式
・固体（上床版，下床版，側壁，隔壁）外面，内面すべてを鋼板で製作後，鋼板間にコンクリートを打設して鋼コンクリート一体構造とした構造形式（下床版，隔壁等一部鉄筋構造の場合もある→セミフルサンドイッチ式）． ・内外鋼板を防水鋼板および構造部材として活用するため，鉄筋が不要． ・せん断力に対してはウェブとコンクリートで，ずれ力に対してはシアコネクタとダイヤフラムで抵抗させる．	・工場もしくは建設現場近くの製作ヤードで沈埋トンネル延長方向に一定長さに分割されたセグメントを必要個数製作し，それらを連結してPC鋼材で一体化させ，一つの函体として製作する工法． ・鉄筋コンクリート式は，沈設時には一体化のためPC鋼材でプレストレスを導入するが，沈設後にはPC鋼材を撤去する． ・プレストレストコンクリート式は，沈設後もPC鋼材によるプレストレスを残した形式である（軸方向PC構造）． ・いずれの形式もコンクリートの水密性を確保することにより，外面防水を省略することができる． ・セグメント間の止水性については十分安全性を確認する必要がある．
・鋼殻は造船ドック，海洋構造物ドック，岸壁製作ヤード等で製作する． ・コンクリート打設は，造船ドック，海洋構造物ドックのほか，浮遊状態で行うこともできる． ・鋼板の組立をコンクリート工事と切り離して行うことも可能で，工事の簡略化が図れる． ・鋼殻重量は最も多い． ・防食対策が必要．	・プレキャストセグメントの製作は，造船ドック，仮設ドライドック，海洋構造物ドック，フローティングドック，岸壁等，どこでも可能． ・函体への組立は進水を考慮し，造船ドック，仮設ドライドック，海洋構造物ドック，台船上等で行う． ・鋼板を使用しないので，工期短縮，コストダウンが図れる．
・型枠，鉄筋がまったくない構造形式が可能． ・コンクリート打設は地耐力のあるドックのほか，浮遊状態でも可能． ・密閉された鋼殻内へはコンクリートを確実に充填する必要があることから，高流動コンクリートの使用が不可欠．	・造船ドック，仮設ドライドック，海洋構造物ドック，フローティングドック，岸壁等，いずれかの場所にプレキャストセグメント製作設備をつくり，工場生産と同様に製作する． ・製作されたプレキャストセグメントは，造船ドック，仮設ドライドック，海洋構造物ドック，台船上等いずれかの場所で接合し一函体に組み立て，進水させる．
・上床版下面の鋼板が車道等に露出するため，被覆材を貼付する等の耐火対策が必要． ・高流動コンクリートは練り上がりから打設までの時間管理が重要で，コンクリート製造プラントの選定を慎重に行う必要がある．	・防水鋼板を用いないで，コンクリートの止水性を期待しているので，コンクリートの打設管理が重要． ・プレキャストセグメント間の接合面は，マッチキャストで製作し，接合面の一体化を図る． ・ブロック長が短いのでひび割れが生じにくい．
・函体製作工期が短い． ・高流動化コンクリートを短期間に打設するため，品質低下を起こさないよう管理が必要． ・外周を鋼板で被覆しているため防水性が良い． ・型枠と支保工が不要． ・車道部には耐火被覆が必要． ・コンクリート打設およびエア抜き用の穴をコンクリート硬化後塞ぐ必要がある．	・プレキャストセグメント間の止水は，シールドトンネルのように止水ゴムで行う． ・止水ゴムの伸縮を許容することによって変位を吸収するので，函体間の接合部に大伸縮用ゴムガスケットは不要． ・施工事例は少ない．
神戸港港島2～6号函（道路），大阪港咲洲Vブロック（道路・鉄道併用），神戸港港島Vブロック（道路），那覇港（道路）	・鉄筋コンクリート式：Drogden [Oresund]（デンマーク・スウェーデン，道路・鉄道併用） ・プレストレストコンクリート式（軸方向PC構造）：Pulau Seraya（シンガポール，電力ケーブル），Tuas（シンガポール，送電線用）

表 3.2 全体工程図（多摩川

工種		年月	昭和61年度 4 7 10 1	62年度 4 7 10 1	63年度 4 7 10 1	平成元年度 4 7 10 1	4 7
共通工事		ドライドック築造工	○━━━━━━━━━━━━━━○				
		沈埋函製作工		○━━━━━━━━━━━━━━━━━━━━━━━━━ 多摩川 7函 ━━━━━━━ 川崎 4函		↓注水	
		ドック内注水締切撤去工				○	
		引　出　工				━引き出し○	
		仮　置　工			○━━仮置きマウンド構築━━○	━仮置き━○	
		ドック復旧・引渡し				○━ドック復旧━○	
多摩川トンネル		浮島立坑			○━━基礎杭工━━○	○━締切工━━地盤改良工━	
		航路切替工					一般航
		航路浚渫				○━浮島側仮護岸━○	○━
		護岸工事					テトラ
		立坑締切鋼管矢板撤去					⑥
		トレンチ浚渫					
		函体基礎工					
		曳航・沈設工					
		埋戻工					
		最終継手工					
		羽田立坑				○━━基礎杭工━━ 締	
		陸上トンネル					○
川崎航路トンネル		航路切替工				切替━ 浮島側	
		北防波堤防護工			○━自立矢板━○ ○━二重締切り━	━━━━━━━	
		護岸工事				○━仮護岸━○ ○━航路浚渫━	仮
		東扇島航路浚渫工					前面自立 航
		トレンチ浚渫					
		函体基礎工					
		曳航・沈設工					
		埋戻し					
		最終継手工					
		東扇島立坑			○━━基礎工━━○	○━山留・掘削━	
		浮島立坑				○━桟橋工━ ━山留・置換工━ 地盤改	

(崎航路沈埋トンネル工事)

第4章 調　　査

　沈埋トンネルの計画から竣工までの間には，多くの調査が行われる．調査の目的は沈埋トンネルの計画，設計が適切に行われること，適切な工事工程と工事費で安全に施工が行われること，かつ周辺の環境保全をはかるために必要な資料を得ることにある．得られた調査資料は，計画，設計，施工に必要なだけでなく，沈埋トンネル完成後の維持管理にも利用される．したがって，必要な調査は時間と費用の許す範囲で十分に行う．

　調査の内容をここでは社会条件調査，自然条件調査，環境保全のための調査，その他の調査に大別して述べる．社会条件とは，水域とその周辺の立地条件に関することや，交通条件に関することで，計画の大前提となる事柄をさしている．自然条件は，気象，海象，地盤，耐震設計に必要となる地震に関する事柄である．環境保全に関する調査事項は，水質，大気質，騒音，振動，地盤沈下，地下水，建設副産物処理などがある．その他の調査としては，測量，土捨ておよび土砂採取，沈埋函の施工ヤードに関連する調査などについて述べる．

4.1　社会条件調査

4.1.1　水路条件調査

　水路条件としては，河川管理者，港湾管理者等の関係者から，現状の河床高と計画河床高，または現状の航路幅と水深，および将来の計画航路幅と計画航路水深，投錨禁止区域などの資料を入手しておく必要がある．また，工事中における航路の一時閉鎖や使用可能な水域など，水路の使用条件について把握しておく．

4.1.2　船舶航行安全対策調査

　沈埋トンネルの計画水域が航路である場合，港湾管理者が所有している船舶航行関係の統計資料を参考にするとともに，必要に応じて航行船舶の実態調査を行

い，工事中の船舶航行安全対策の基礎資料を得る．航行船舶実態調査は，行き先別，船種別，トン数別，時間帯別の通行隻数，航跡図，係留状況などについて調査する．

4.1.3 交通関係調査
道路交通の用途である場合，自動車の交通量，大型車混入率，歩行者自転車交通の有無，共同溝併設の有無，危険物輸送の可否，料金所の有無などについて行う．

4.1.4 用地，漁業などの利権調査
計画地点周辺に関する利権調査は，市街地，河川，海上，沿岸域などの土地利用の状況を把握し，計画上の制約条件などの基本事項を明らかにすることにある．

特に市街地の場合，都市計画法上の規制，土地利用上の将来計画を調査しておく必要がある．また，地権，水利権，漁業権，遺跡や重要文化財の指定区域かどうかなども調査する必要がある．

4.1.5 支障物件調査
(1) 埋設物調査

埋設物調査は，沈埋トンネル取付部周辺，および水域部分における上下水道，電力，通信，ガスなどの埋設管路などの有無と，存在する場合の規模，位置，材料，老朽の程度などを調査し，沈埋トンネル工事への影響度または必要な対策工を策定するために行う．調査方法は各物件の管理者が保有している台帳などに基づいて概略の状況を把握しておき，設計および施工段階で必要に応じて詳細調査を実施し，現地と照合して確認する方法が普通行われる．

(2) 既設構造物調査

陸上の地中部分に残置された旧構造物の杭基礎，仮設土留め壁あるいは沈船などが存在しないかどうかを調査しておく必要がある．

既設沈埋トンネル，パイプライン等に近接して沈埋トンネルを増設するような場合は，既設の構造，施工法，埋戻し材，老朽の程度などを詳細に調査する必要がある．

(3) 爆発物調査

航路部などの海域で，不発爆弾などの爆発物が存在する可能性がある場合は，爆発物調査を行う必要がある．調査方法は磁気探査法が適しており，爆弾のもつ磁気を検知して埋設深さや大きさを確認することができる．

4.1.6 地域防災計画調査

 交通の用に供する沈埋トンネルは，震災時や火災時に，避難路および救援活動のための交通路としての役割を果たす．したがって，地域防災計画を策定する際に，沈埋トンネルの果たす役割，位置づけを明らかにし，トンネルの基本計画，構造計画と整合がとれるようにする必要がある．

4.2 自然条件調査

4.2.1 気象・海象条件調査

 気象条件に関する調査には，気温，風向・風速，降雨量などがある．

 気温の調査は，沈埋トンネル軀体の年間の気温変化にともなう応力・変形解析に必要であり，また沈埋函コンクリート打設時のマスコンクリートとしての管理にも必要となる．設計用のデータとしては，気象庁が公表している地域ごとの月間平均気温を用いることが多い．特殊な条件の地域にある場合は，事前に現位置での計測を実施するのがよい．

 風向・風速のデータは，海上作業可能限界や稼働率の設定，道路トンネルにおいて換気塔から排出されるガスの拡散計算などに用いられる．風の観測結果は通常16方位の風向および10分間平均風速で表す．

 降雨は沈埋トンネルの排水施設の設計，陸上部における地盤掘削時の排水設備の設計，工事稼働率の算定などに関係する．降雨の観測は雨量計による雨量と降雨継続時間を計測し，時間当たり降雨量（降雨強度 mm/hr）を決定する．

 建設地点水域の水理，水質に関しては，基礎的な調査として，河川区域においては現状の流況の把握，過去の出水記録の調査を行うほか，河川計画における計画河床高，計画高水位等，定められている諸計画を確認する．海岸，港湾区域においては，これらに加えて高潮時の異常潮位，波浪，潮流等について把握しておく．

 沈埋トンネルの建設において，水理，水質上最も影響を受けるものは，水の比重，流速，波浪等である．沈埋函の曳航，沈設作業には特にこれらの事項の影響が大きく，沈埋函の重量調整，作業効率，工事の稼働率などに関係するため，十分に調査を行っておくべきである．

 なお，水の比重は，水温の変化にともない季節によって変動するので注意が必要である．図4.1に水の比重の年変化の事例を示す．また水温の変化，水温と水の比重の関係を図4.2，図4.3に示す．

48   第4章 調　　査

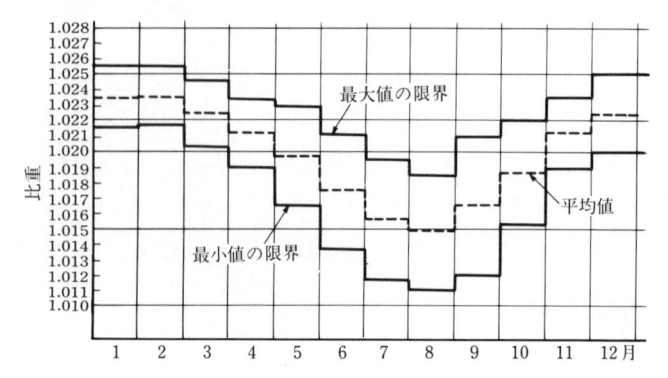

図 4.1　水の年間比重分布推定値（水深 0〜8 m の平均値）

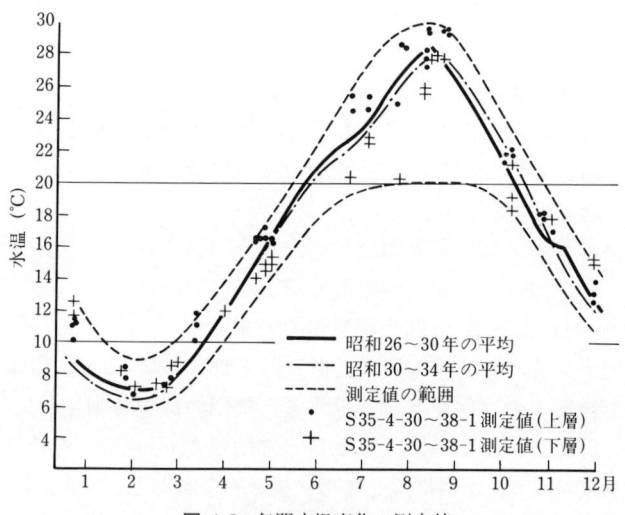

図 4.2　年間水温変化の測定値

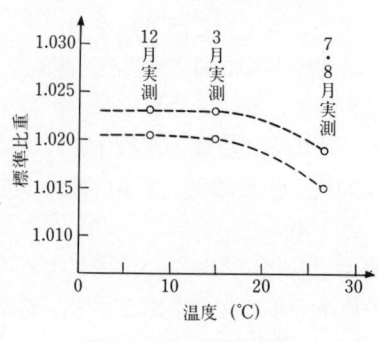

図 4.3　水の標準比重値

4.2.2 地盤条件調査

沈埋トンネルの建設にあたっての地質・土質調査の要点は，地層構成状態と各土質の性状を明らかにすること，地盤沈下の有無，掘削の難易等を確認することである．

陸上構造物における地質・土質調査では，基礎の支持力を明らかにすることが主要な目的の一つであるが，沈埋トンネルでは支持力が問題になることは少ない．しかし，地盤の圧密沈下や不等沈下があると，トンネルに変状をきたすことがあるので注意が必要で，地質状況にもよるが，調査はこの観点に重点を置くのがよ

表 4.1 地盤調査の概要

調査の段階	予備調査		本調査		補足調査
	資料調査	現地踏査	概略調査	詳細調査	
調査の目的	①概略の地層構成および土質状況の把握 ②問題となる土質の予測および以後の必要調査作業の確認		①路線全体の地層構成および土質状況の把握 ②材料採取地の選定 ③詳細調査方針の決定	①路線全体の地層構成および土質状況の把握 ②地下水分布の把握 ③土質工学的諸性質の把握，土質縦断面図，土質横断面図	①土質調査の補充 ②設計施工上問題となる土質についての精密調査 ③解明不十分な箇所の追加調査 ④地震，その他特殊条件の場合の設計資料
調査の手法	①既存資料の収集整理 ②文献調査	①地表地質調査 ②井戸調査 ③サウンディング	①ボーリング ②サウンディング ③物理探査 ④サンプリング ⑤室内試験	①現位置試験 ②物理検層 ③室内試験 ④現場揚水試験 ⑤動的特性調査 ⑥材料試験 ⑦水質試験 ⑧試掘調査	①ボーリング ②サンプリング ③現位置試験 ④物理検層 ⑤平板載荷試験 ⑥施工試験 ⑦地下水シミュレーション
調査の内容	①概略の地形 ②概略の地質 ③周辺の自然および社会環境の概観 ④概略の水文・気象条件 ⑤既往地盤災害の把握	①概略の地形 ②概略の地質 ③周辺の自然および社会環境の確認，軟弱地盤の分布状況 ④災害等既往地盤災害の把握 ⑤以後の調査地点の選定	①地層構造 ②土層の分布状態，特に軟弱地盤の分布状態 ③代表的土質の工学的性質 ④地下水分布状況 ⑤設計施工上の問題点	①詳細な地質構造と土質の分布状態 ②各層の詳細な工学的性質（強度，変形，圧密，透水性など） ③帯水層の性状 ④地盤の地震時挙動 ⑤材料土としての適性 ⑥設計施工上の問題点	①詳細調査の補足設計用数値の決定，確認 ②施工時の問題点

い．また，トンネルの路線に沿って地層構成の変化が激しい場合や，土質条件が著しく異なる場合には，沈下や地震によってトンネルは大きな応力を受けるので，地層構成と場所による土質の相違を精度よく把握する．

これらの地質調査は，計画の初期段階から設計，施工中などの各段階ごとに順次必要なものを実施していくことになる．調査の各段階別に通常必要と考えられる調査項目を表 4.1 に示す．

4.2.3 耐震設計調査

沈埋トンネルの耐震設計を行うためには，地震に関する条件，地盤条件，構造物の諸元を決定する必要があり，設計前の事前調査では特に地震および地盤に関する調査が重要で，以下に示すような調査がある．

(1) 基盤面の調査

沈埋トンネルの耐震設計では，工学的な立場から基盤面の形状（トンネルルートに沿った各位置での基盤面の深さ）を明らかにし，この位置を地震動の入力位置とする．耐震解析においては，この基盤面より上の地層をモデル化する．

基盤面とは表層地盤とその下の基盤との境界面で，基盤とは広い範囲にわたって存在する地層であり，地震波が伝播する間にその波形が著しく変化しない層のことである．岩盤の上面は基盤面の一例であり，比較的浅い位置に岩盤が存在する場合はその上面を基盤面とする．岩盤の位置が深く，地盤のモデル化や解析に問題がある場合は，トンネルの建設地域周辺を含む広い範囲に分布する十分締まった地層で，その上方の地層よりも S 波伝播速度 V_S が十分に大きい地層を工学的基盤とする．基盤面の目安とする V_S の値は種々の条件が関係し一概に定められないが，V_S が 300 m/s 以上または N 値が 50 以上の洪積砂層を基盤としている例が多い．

V_S 値は PS 検層を実施しその結果を参考にする．

(2) 地盤諸定数の調査

耐震設計に必要な地盤の諸定数は，弾性波速度（横波伝播速度 V_S，縦波伝播速度 V_P），変形係数（弾性係数 E，せん断弾性係数 G），ポアソン比 (ν)，密度 (ρ)，減衰定数 (h)，強度定数（粘着力 c，内部摩擦角 ϕ），地盤反力係数 (k)，地盤の卓越周期 (T) などである．これらの諸定数は，ボーリングによる現位置試験，サンプリング試料による室内土質試験，各種地盤探査および検層結果から算出する．地盤の諸定数の多くは，土のひずみレベルや載荷速度に依存して変化するので，検討する地震動のレベル，解析モデルに応じて適切な値を用いるか，ひずみの関

数として設定する必要がある．

(3) 地震調査

　ここでいう地震調査とは，沈埋トンネル建設地点周辺で過去に発生した地震を既往の文献資料等に基づいて調べ，耐震解析における設計地震動条件を設定するための基礎資料を得るための調査をいう．調査の主な内容は以下のとおりである．

① 主要地震の起こった年，および震央とマグニチュード
② 震度別の地震発生回数
③ 活断層調査
④ 地震被害調査

　建設地点を中心に，半径 200 km 程度の範囲を対象に，発生時期，震央位置，マグニチュード，近接地点で観測された震度，地震を引き起こした活断層または地震によって誘発された活断層，地震による被害などを調べる．調査の元となる基礎資料は，有史以来の被害地震カタログ，全国主要地点の気象庁による震度記録などである．これらの記録に基づき，当該地点に影響を与えると想定される地震の発生頻度，規模，地震の特性，活断層との関連，被害の傾向などの情報を整理する．活断層については，沈埋トンネルの建設される沿岸地域や沖積地盤ではその存在が明確でない場合が多い．既往の活断層分布図で判別できなければ，水中音波探査を実施し，海底（または水底）地質構造を推定するのが有効である．

4.3 環境保全のための調査

沈埋トンネルの建設にともない,周辺環境へ影響を及ぼすと予測される事項について,事前調査はもちろん,建設中および完成後も必要に応じて調査を実施する.主な調査事項は以下のとおりである.

4.3.1 水　質

沈埋トンネルで主として問題になるのは,浚渫,埋戻しなどの工事中の水質汚濁である.環境規制値としてSS（浮遊懸濁物質）濃度およびpH値が指定されることが多い.工事前の現位置濁度や各種水質指標値を測定しておき,工法選定にあたってのデータとする.また道路トンネルの場合には,路面排水や清掃水の処理方法を計画し,最終処理方法を調査しておく必要がある.

4.3.2 大　気　質

道路トンネルの場合で,供用後のトンネル坑口または換気塔からの自動車排出ガスの放出が問題となる.対象となる汚染物質はCO_2,NO_x,SO_xなどの有害物質と煤煙である.これらの有害物質は,換気設計とそれに基づく諸施設の設置によって希釈排出または集塵され,環境基準値を満足するような対策がとられる.したがって当該地域の環境規制値を確認するほか,事前調査として,大気質のバックグラウンド調査と気象条件調査が必要である.気象条件で必要なものはトンネル周辺の風向,風速,温度,日射量などである.これらのデータは通常年平均値を用いて環境影響を予測する.

4.3.3 騒音・振動

騒音・振動についても当該地域の規制状況を確認し,大気質と同様に道路トンネルの場合では,坑口部および換気塔からの騒音を主な対象として影響調査を行っておく.また,施工中の杭打ちなどの作業から生じる騒音・振動についても,周辺住民に影響を及ぼさないように配慮する.

4.3.4 地盤沈下および地下水

地盤沈下および地下水の変化は，主に沈埋トンネル取付部の開削工事にともなって発生する可能性がある．地盤調査資料および計画されている工法に基づいて，予想される地盤沈下量とその範囲，地下水位の変動，地下水の水質変化などへの影響を調査しておく必要がある．取付部のトンネル建設は，建設前の地下水流に変化を及ぼすこともあり得るので，完成後の地下水変動について，その影響を把握しておくことも必要である．

4.3.5 建設副産物の処理

沈埋トンネルの工事では，大量の浚渫土砂などの建設副産物が発生することがある．したがって，これら建設副産物の処理に関して，その処理方法，再利用方法，最終処分方法などを事前に調査しておかなければならない．

4.4 その他の調査

4.4.1 測量調査

沈埋トンネルを計画するうえでの主要な測量調査は，水路部における深浅測量である．これはトンネル中心線に沿って最低限トレンチ幅の範囲は必要であり，曳航路となる範囲も実施しておかなければならない．さらに施工時に航路切り替えを行う場合には，その箇所の測量も必要である．

陸上部の測量は，取付け道路の範囲について通常の路線測量を行う．護岸線付近については護岸等の構造物の状況も把握しておき，施工中に影響する範囲とその防護，復旧，付け替え等の計画を立てるための資料を得ておく．

水準測量においては，地形図の基準標高面と港湾関係者が用いる基準高，海図の基準高などはそれぞれ異なるので，相互の関係を正確に把握しておく必要がある．

4.4.2 土捨ておよび土砂採取

沈埋工法で最も問題となることの一つが浚渫土の処分である．同時進行する埋立計画などがあれば問題は少ないが，いずれにしても浚渫土砂の受入先を確保しなければならない．その際，浚渫土の土質が問題となる．特に海底堆積土で有機物質や有機物で汚染されているものがないかどうか，無害であるかを確認して

おく必要がある．

　埋戻しに使用する土砂は地震時に液状化しないこと，船舶の投走錨から沈埋函を防護できることなど，良質な石材が大量に必要であり，事前に採取先の調査をしておくことが望ましい．

4.4.3　沈埋函施工ヤード

　沈埋トンネルの施工条件に関する調査としては，沈埋函製作ヤード，沈埋函の艤装ヤード，仮置きヤード等の調査が必要になる．

（1）沈埋函製作ヤード

　沈埋函製作ヤードは，その製作方法により，ドライドック，造船ドックや大規模海洋ドックなどの既設ドック，岸壁製作ヤード，浮きドックなどがある．これらは沈埋函の構造とも関係するもので，表 4.2 に示すような関係にある．

表 4.2　構造ごとの沈埋函製作場所

構造形式		陸　　　上				海　　　上		備考
		造船ドック	海洋構造物ドック	ドライドック	岸壁製作ヤード	浮きドック or 半潜水台船	岸壁 or ドルフィン	
鋼殻構造							○ 浮遊打設	浮遊打設が基本
コンクリート構造	RC式 *1	○	○	○		△ 小型の場合		陸上製作が基本
	PC式 *2	○	○	○		△ 小型の場合		陸上製作が基本
合成構造	OS式 *3	○	○	○		△ 小型の場合		陸上製作が基本
	FS式 *4	○	○	○	○	△ 小型の場合	○ 浮遊打設	陸上・海上製作も可
プレキャストセグメント構造		○	○	○	○	○ 主に組立・進水		陸上・海上製作も可

　（注）*1 RC 式：鉄筋コンクリート式，*2 PC 式：プレキャストコンクリート式，
　　　　*3 OS 式：オープンサンドイッチ式，*4 FS 式：フルサンドイッチ式

　ドライドックの場合は，できるだけ現地に近い沿岸地域で十分な渠底面積が取れる場所を選定し，沈埋函の気中重量に対応する地耐力があるかどうかを確認する．軟弱地盤で地耐力が小さいと，基礎処理のために多大な費用が必要となる．造船ドックのような既設ドックを利用する場合は，その大きさ，吃水，地耐力を調査し使用可能かどうか判断する．浮きドックについても沈埋函が何函同時製作可能か（大きさと積載能力）を調査する．

岸壁を利用する方法は，スリップウェイを利用する場合，岸壁で製作した沈埋函をフローティングクレーンで吊り降ろす方法などがとられ，これらの付属設備能力を調査する．いずれも小規模な沈埋函の場合に適す方法である．

いずれの方法を採用する場合も，ヤードの借地料，既設ドックの借用料など経済性での優劣が決定要因になるケースが多いので，費用面での調査も欠かせない事項である．

(2) 艤装ヤード

艤装ヤードでの作業は，完成した沈埋函に沈設用の諸設備を取り付け，沈設の準備を整えることである．また沈埋函のコンクリートを洋上打設する場合に，鋼殻沈埋函を桟橋に係留してコンクリートを打設する作業のこともいう．既設の岸壁がそのまま使用できない場合は，艤装桟橋を設置することになる．艤装ヤードの適地は，静穏な海域で水深が十分にあり，かつ前面の海域が広く，沈設地点や沈埋函仮置き場所に近く，コンクリート供給能力など施工設備上便利な地域であることが望ましい．したがって，気象・海象条件や海域の状況，および陸上施設の状況を十分調査して決定する必要がある．

(3) 仮置場所

沈埋函の製作工程と沈設工程の関係で，完成した沈埋函を沈設時期がくるまでストックしておく必要が生じる場合は，仮置場所に必要な函数だけ仮置きする．沈埋函の仮置方法は浮上係留方式と沈設方式がある．浮上係留方式の場合は，潮流，波浪などの気象・海象条件を十分調査し，沈設方式の場合は海底のマウンドに支持させるため，さらに地盤の洗掘についても調査する．沈埋函製作ヤードと同様に水深と海域の広さ，製作ヤードと現地への距離，仮置場所の使用料などについて調査し，総合的に判断して場所を決定する．

第5章 沈埋函の構造

沈埋函の製作は図5.1に示すように，日本では鋼殻式，コンクリート式(RCあるいはPC)および合成式の3種類に大別される．海外ではセグメント式沈埋函の製作がある．沈埋函の構造は，鉄筋コンクリート部材，合成構造部材などで沈埋函本体を製作する．図5.2に代表的な構造を示すが，上床版，下床版，側壁，隔壁，端部鋼殻，バルクヘッドなどの部材で構成される．周囲の壁は厚さが1m程度である．これは水圧，土圧などの外力に耐えるとともに浮き上がらないように自重を確保する面もある．バルクヘッドは沈埋函端面に取り付け，曳航，水圧接合時の防水を確保する一時的な部材である．鋼部材あるいは鉄筋コンクリート部材で製作される．端部鋼殻には，水圧接合用のゴムガスケットを取り付けるガスケットビームがある．また端部には，せん断キー，仮受けブラケットなどが取り付けられる．函体の周囲には防水用の鋼板または防水シートが取り付けられる．また上床版の上には，投錨や埋戻し時の石の投入から函体を守るため保護コンクリートが打設される．

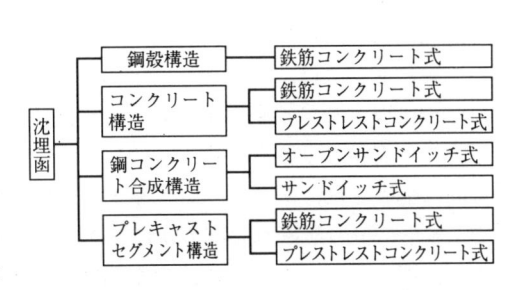

図 5.1 製作方法による沈埋函の分類

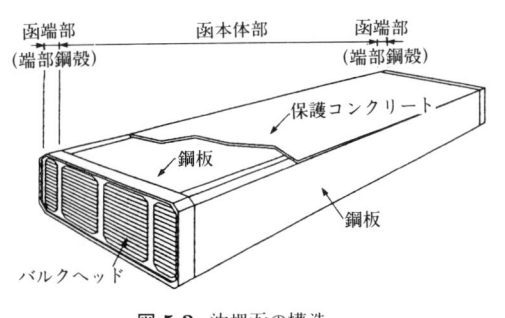

図 5.2 沈埋函の構造

(1) 鉄筋コンクリート沈埋函

コンクリート式では，ドライドックで一貫して配筋作業，コンクリート打設，艤装を行う．実績としては一番多い構造形式である．ドライドックは建設現場から離れて建設されるが，製作された沈埋函は現地まではタグボートなどで曳航され運ばれる．コンクリート式では，防水対策として周囲に鋼板やゴムマットを取付ける場合が多い．

(2) プレストレストコンクリート沈埋函

プレストレスは，コンクリートのひび割れ防止や地震時の強度とじん性の増加のために導入し，水密性を高めまた地震時に万が一コンクリートにひび割れが生じても地震後ひび割れが閉じることを期待されている．PCケーブルは函体の軸方向に配置され，$1〜2\,\mathrm{N/mm^2}$ 程度のプレストレス量を油圧ジャッキで導入する．PCケーブルの配置例を図5.3に示す．使用するコンクリートは $35〜40\,\mathrm{N/mm^2}$ の高強度のものを使用する．なお横断面をPC構造としたものも少数例ある．

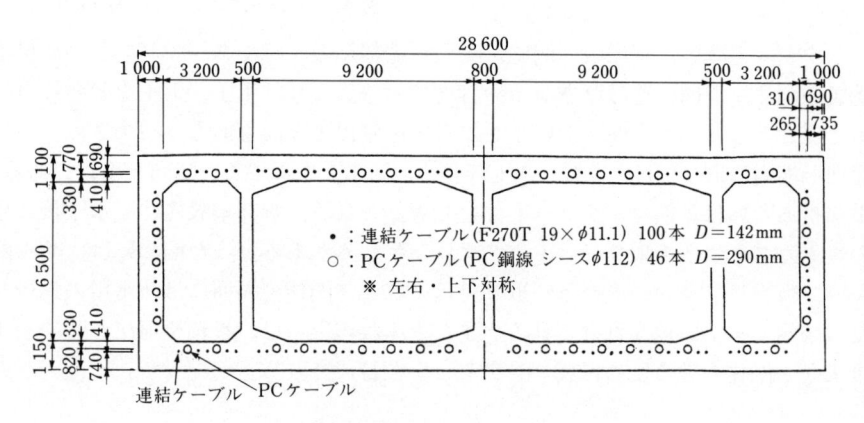

図 5.3 PCケーブルの配置例

(3) 鋼殻構造沈埋函

鋼殻式では，ドライドックで鋼殻を製作し，進水後岸壁に係留したまま配筋作業，コンクリート打設，沈設・曳航・接合のための各種艤装を行う．鋼殻の構造の一例を図5.4に示す．鋼殻は仮設に使用し，コンクリートが硬化して完成後は鉄筋コンクリート構造と考え取り扱い，防水用に使用される．鋼殻は鋼板を補剛材で強度を増すが，剛性が低い場合にはトラス材で一時的に補強する場合もある．

上床版を鋼板で密閉する場合と開放する場合とがあるが，密閉すると鋼殻の剛度は大きいが，沈埋函内への資材の搬出入が困難となる．完成後は鋼殻は防水のために主に使用されるが，地震時など一時的な荷重に対して鋼殻と鉄筋コンクリートの両者で抵抗する設計法もとられている．

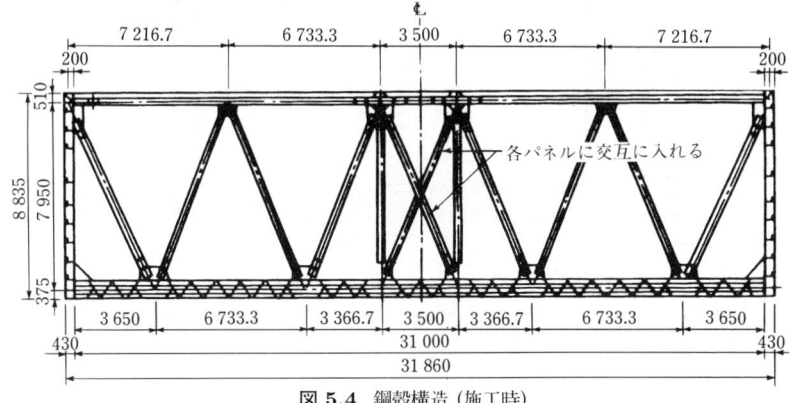

図 5.4 鋼殻構造（施工時）

（4）合成構造沈埋函

鋼殻式とコンクリート式では，一般的に外側の鋼板を構造部材として期待していない．合成式は，この防水鋼板とコンクリートとをずれ止めで一体化した部材で製作する．構造部材としての役割とともに型枠の省略を鋼板ではかる．図 5.5 に合成部材の概要を示す．合成部材には，サンドイッチ構造とオープンサンドイッチ構造の 2 種類に大別できる．

a．サンドイッチ構造

サンドイッチ部材（フルサンドイッチ部材と呼ばれることもある）は，両側が鋼板で内部が充填コンクリートで内部には鉄筋が配置されない．充填コンクリートとして最近実用化された高流動コンクリートが用いられる．このコンクリートは自己充填の性質があり，人力による締固め作業を必要としない．この部材は，神戸港港島トンネル，那覇港海底トンネル（仮称）などで採用されている．鋼殻式と合成式は，造船所で函体を製作する場合が多い．コンクリート打設は鋼殻を洋上に浮かべて行う場合もある．

b．オープンサンドイッチ構造

オープンサンドイッチ部材は，片側が鋼板で他方が鉄筋コンクリートである．両材料はスタッドと形鋼により力学的に合成されている．鋼殻式では考慮しなかっ

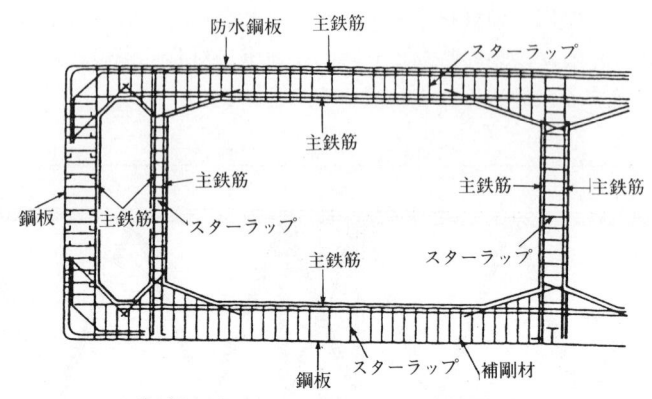

(下床版・側壁：オープンサンドイッチ構造)

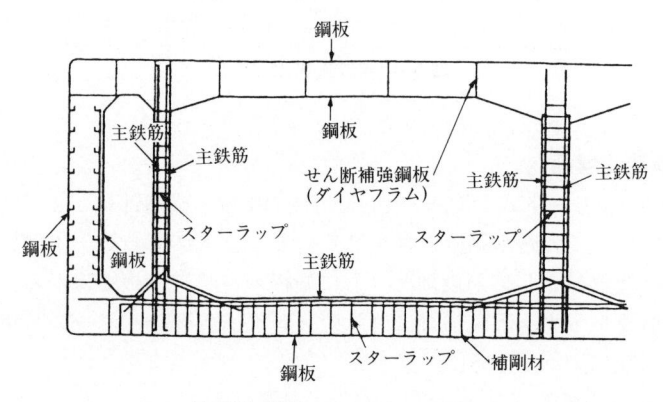

(上床版・側壁：サンドイッチ構造)

図 5.5 合成部材による沈埋函

た周囲の鋼板を構造材としている．この部材は，大阪咲洲トンネル，衣浦港海底トンネル（仮称）などに使用されている．

(5) セグメント式沈埋函

　セグメント式沈埋函は陸上のヤードで分割されたセグメント（長さ5m程度）を製作し，これらを順次接合して図5.6に示すように沈埋函とするものである．PCケーブルで仮止めする場合もある．陸上の製作ヤードの面積が少なくてすみ，か

つ製作工期も短い．急速施工が求められる場合に有効な製作方法である．シンガポールやオレスンド（デンマークとスウェーデン間）での沈埋トンネルに採用されている．

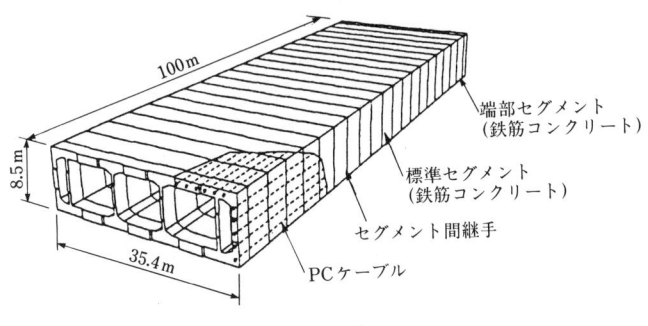

図 5.6　セグメント式沈埋函

第6章　構造設計法

6.1　設計の基本

　沈埋トンネルの構造は沈埋部およびアプローチ部を含めた函体および換気塔，ならびにそれらの接合部より構成される．また函体は上床版，下床版および側壁から構成された中空断面を有している．沈埋トンネルの設計では，沈埋トンネルを構成するすべての部材および接合部の構造性能がその要求性能を満足し，かつ経済性および周辺環境に与える影響を配慮した構造系を定めなければならない．

　沈埋トンネルの要求性能には，函体の製作時および施工時における安全性，トンネル開通後における供用性（車両の走行性と利用者の利便性など）と安全性および長年の供用での耐久性，地震や火災などの災害時における安全性などがある．一方，沈埋トンネルの構造性能には，安全性に関しては函体の上，下床版や側壁などの各部材や継手部の耐荷性能，変形性能，止水性能などが，耐久性に関しては鋼材の腐食，コンクリートのひび割れ，継手部や防食・防火工の劣化などに対する抵抗性があげられる．

　したがって，沈埋トンネルの設計にあたって，これらの構造性能が要求性能を満足することを保証するには，適切な設計時の照査法と完成時の検査法および供用時の管理法が不可欠である．

　沈埋トンネルの基本構造の選定フローを図 6.1 に示す．

　道路トンネルの例では沈埋トンネルを通過する道路の計画交通量，海上の航路条件などを考慮して沈埋トンネルの規模と配置が決定され，ついで構造形式を選

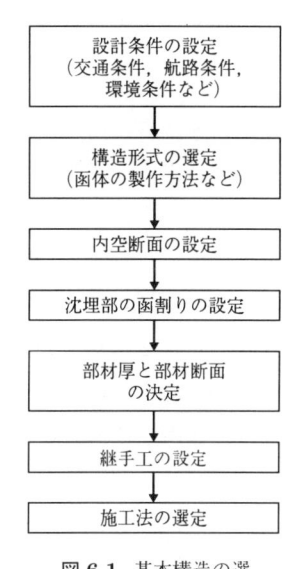

図 6.1　基本構造の選定フロー

定される．沈埋函はRC構造，PC構造あるいは鋼・コンクリート合成構造などによって製作される．内空断面の大きさと函割りの決定の後に上・下床版，側壁などの部材厚や函体の継手工法が選定され，最後に施工法が選定される．

以上の過程によって定められた基本構造に対して安全性や耐久性などの必要性能の照査が行われ，詳細構造を決定するのが一般的である．

6.2 構造性能と照査法

構造物が保有すべき性能の照査法（一般に構造設計法と呼ばれる）は，時代とともに変遷している．最も古くからある照査法は「許容応力度法または弾性設計法」であり，近年，「終局強度設計法または荷重係数設計法」または「限界状態設計法」に変化しつつあり，最近になって，設計法の国際化の要求と相まって，より合理性の高い「性能照査型設計法」が注目されている．

いま，安全性の照査を例にとって説明すると，構造物に作用する荷重Fの下で発生する部材の断面力Sは次式のように表される．

$$S = S(F) \tag{6.1}$$

ここで，関数Sは構造形状，支持条件，部材の特性などにより定まるもので，関数Sの決定作業は構造解析に相当している．次に，断面力Sの作用の下で部材の断面内に作用する応力σは次式のように表される．

$$\sigma = Z(S) \tag{6.2}$$

ここで，Zは断面形状と材料特性から定まる関数である．一方，強度fと断面耐力Rの関係は

$$R = R(f) \tag{6.3}$$

であり，関数ZやRの決定は一般に断面解析と呼んでいる．

ところで，許容応力度法における安全性の照査は次式で行われる．

$$\sigma \leq \frac{f}{\gamma} \tag{6.4}$$

ここで，γは安全係数（安全率）である．特に，式 (6.1)，式 (6.2) の関数SおよびZを線形と仮定する場合は弾性設計法とも呼ばれている．許容応力度設計法の特徴は安全性の評価を応力度に関する一つの係数γで行う点にある．

次に,構造物の耐力を応力の代わりに式 (6.3) の断面耐力 R で評価する方法は,一般に終局強度設計法と呼ばれており,そのうち,安全係数を荷重に対して考慮した方法,すなわち,

$$\left.\begin{array}{l} S = S(\gamma_f F) \text{ または} \gamma_f S(F) \\ S \leq R \end{array}\right\} \quad (6.5)$$

を荷重係数設計法と呼んでいる.しかしながら,安全性は荷重作用の不確実性だけではなく,材料特性や断面形状の不確実性にも関係するので,断面耐力についての安全係数を導入し,式 (6.5) の第2式を次の形に変えたものも用いられている.

$$S \leq \frac{R}{\gamma_M} \quad (6.6)$$

限界状態設計法は,2種類の限界状態,すなわち終局限界状態と使用限界状態に対して,安全性と耐久性を確保するものであり,それぞれの限界状態に関連する多くの安全係数(部分係数と呼ばれている)を定め,それらの適当な組合せによって式 (6.5) および式 (6.6) の γ_f, γ_M に相当する安全係数を与えている.したがって,限界状態設計法は荷重係数設計法を含む汎用性のある照査法といえる.限界状態設計法における照査式は一般に次のように表される.

終局限界状態に対しては,

$$\left.\begin{array}{l} S_d \leq R_d \\ S_d = S(F_d) \\ F_d = \gamma_{f\rho} F_\rho + \sum_i (\gamma_{fi} F_{ri}) \end{array}\right\} \quad (6.7)$$

ここで,S_d, R_d は断面力と断面耐力の設計用値であり,$\gamma_{f\rho}$, γ_{fi} はそれぞれの荷重作用の不確実性に起因した部分安全係数であり,個々の荷重作用の特性とそれらの組合せが起こる確率を考慮して種々の形で与えられる.

使用限界状態に対しては,

$$\left.\begin{array}{l} \delta_d \leq C_d \\ \delta_d = \delta(F_d) \\ F_d = \bar{\gamma}_{f\rho} F_\rho + \sum_i (\bar{\gamma}_{fi} F_{ri}) \end{array}\right\} \quad (6.8)$$

ここで,δ_d, C_d は供用時における変形,振動,ひび割れ幅などの設計用値とそれらの許容値であり,$\bar{\gamma}_{f\rho}$, $\bar{\gamma}_{fi}$ は供用時におけるそれぞれの荷重作用とそれらの組合せに対する部分安全係数である.

近年，設計法の国際化と相まって，わが国の技術基準も ISO（国際標準化機構）による国際規格（ISO 規格）を尊重しなければならなくなってきた．土木・建築構造物の仕様・建設に関する設計規則のための共通の基礎に関する規格である ISO 2394（構造物の設計に関する一般原則）は，「要求性能の明示」と「設計する限界状態」，また「それらの対応する信頼性」の 3 項目を規定しており，これからのわが国の構造設計法もこれらの規定に基づいたものに変わっていくものと予想される．また，そこでの安全性等の性能照査手法には，ユーロコードで採用されている限界状態設計法が一つの標準になることも予想される．

6.3 沈埋トンネルに対する設計法

わが国における沈埋トンネルの建設の歴史は 1944 年の安治川河底トンネルに始まり，本格的な沈埋トンネルは 1970 年代に入って建設されるようになった．建設中のものを含めて，現在 30 件弱の沈埋トンネルが存在しているが，その大半の設計は基本的には許容応力度設計法によっているが，最近の沈埋トンネルの設計には限界状態設計法に基づく照査法が部分的に採用されている．それゆえ，本書では，これからの設計法として注目されている性能照査型設計法を意識した限界状態設計法に基づいた照査法に重点を置くことにする．

6.3.1 荷重作用

沈埋トンネルの設計に用いる荷重は，照査する構造性能に応じて定めなければならない．施工時および供用時に作用する荷重には，表 6.1 に掲げたものがある．以下に既往の沈埋トンネルの設計に用いられている例を紹介するが，それらは主として許容応力度設計法で用いられたものであることに留意されたい．

1) 自重

   自重の計算に用いる材料の単位体積質量（γ）は以下のようである．
   - 鉄筋コンクリートおよび鋼殻に囲まれたコンクリート：$\gamma = 2.5\,\mathrm{t/m^3}$
   - 高流動コンクリート：$\gamma = 2.25 \sim 2.4\,\mathrm{t/m^3}$
   - 保護コンクリート（補強筋を含む）：$\gamma = 2.4\,\mathrm{t/m^3}$
   - 鋼材：$\gamma = 7.85\,\mathrm{t/m^3}$
   - 路床材：$\gamma = 2.0\,\mathrm{t/m^3}$

2) 上載土

6.3 沈埋トンネルに対する設計法

表 6.1 沈埋トンネルの荷重作用

供用時荷重としては
 (1) 自重
 (2) 上載土重量
 (3) 交通荷重による活荷重・衝撃荷重
 (4) 土圧
 (5) 水圧
 (6) 浮力，揚圧力
 (7) 地盤反力
 (8) 地盤沈下の影響
 (9) 温度変化の影響
 (10) コンクリートのクリープおよび乾燥収縮による影響
 (11) プレストレス力
 (12) 製作・施工時荷重（波力，函体の艤装品重量，機械設備重量など）
 (13) 火災による影響
 (14) 腐食の影響
 (15) その他（投走錨，沈船などの影響）

また，偶発荷重としては
 (16) 地震荷重
 (17) 爆発または爆破による影響

沈埋函の上部に覆土される土（埋戻し土）の単位体積質量は：$\gamma = 2.0\,\mathrm{t/m^3}$ とする．

3) 交通荷重

沈埋トンネルを通る道路・鉄道による活荷重および衝撃荷重は関連する示方書や規準（たとえば「道路橋示方書」や「鉄道構造物等設計標準」など）に基づくものとする．

4) 土圧

沈埋函の側面に作用する土圧は静止土圧とし，適切な方法で計算するものとする．たとえば，神戸港港島トンネルの設計では，疎な非粘性土の静止土圧係数 K_0 として下記の経験式（「カナダ・オンタリオ州道路橋設計基準・同解説，1983 年」）を用いている．

  終局限界状態の照査に対しては，$(K_0)_f = 1 - \sin\phi_f$

  ここで，ϕ は土の内部摩擦角であり，使用限界状態の照査に対しては，$K_0 = 1 - \sin\phi$ としている．

したがって $\phi = 30°$ とした場合，$(K_0)_f = 0.58, K_0 = 0.5$ となる．
また，鉛直土圧は上載土である埋戻し土の自重としている．

5), 6) 水圧，浮力・揚圧力

水圧を考慮する水面高さは，既往最高潮位 (H.H.W.L)，朔望平均満潮位 (H.W.L)，残留水位 (R.W.L) とし，静水圧や浮力・揚圧力の計算に用いる海水の密度 ρ_w は以下のとおりである．

応力計算，浮き上がり安全度，沈設時に対しては，$\rho_w = 1.025\,\mathrm{t/m^3}$
乾舷計算に対しては，$\rho_w = 1.015\,\mathrm{t/m^3}$

7) 地盤反力

沈埋函底面の地盤反力および水平荷重に対する沈埋函側面の地盤反力は，地盤を弾性ばねとみなし，ばね係数である地盤反力係数は下床版，側壁の大きさと形状および土質定数を考慮し，適切な方法（たとえば，日本港湾協会「港湾の施設の技術上の基準・同解説，1999 年 4 月」を参照）によって定めるものとする．

8) 地盤沈下の影響

沈埋函が設置された基礎地盤に圧密沈下が生じると考えられる場合，主としてトンネル軸方向について可撓性継手部をヒンジとした梁理論により，地盤沈下の影響を考慮することができる．

9) 温度変化

沈埋トンネルは海底の地中に敷設されるために，通常の地上構造物より温度変化は少ないが，トンネル断面の内外の温度差はかなりあることより，実測データを参考にして温度の年変化量は $\pm 5°\mathrm{C}$ で，部材の内外面の最大温度差を $10°\mathrm{C}$ としていることが多い．

10) コンクリートのクリープ・乾燥収縮

合成構造沈埋函では，鋼板とコンクリートのずれ止めに働く力はコンクリートのクリープ・乾燥収縮の影響を受けるので，たとえば土木学会「コンクリート標準示方書」によってその影響を考慮する必要がある．

11) プレストレス力

プレストレスが導入される沈埋函においては，その影響を適切な方法（たとえば土木学会「コンクリート標準示方書」）によって考慮しなければならない．

12) 製作・施工時荷重

製作時荷重としては，ドックにおけるコンクリート打設荷重，曳航時および

沈設時の浮力調整荷重，波力，潮流圧などが，施工時荷重としては，艤装品重量，機械設備重量などがある．

13) 火災による影響

道路トンネルの火災規模は，国内外の事例では，以下のように設定されている．

① 火災最高温度は，通行車両の種類および規模に応じて1000～1350°Cの範囲で選択する．

② 火災の継続時間は，消火活動が開始される時間を考慮して定める．

したがって，トンネル内の天井部には火災時に部材強度が低下しないように適当な防火工を敷設することが多い．

14) 腐食の影響

合成構造の沈埋函のように外面に鋼板を有する構造では，表面鋼板には電気防食を施し，電気防食のみで対応できない分は腐食しろを見込む必要がある．たとえば，神戸港港島トンネルの設計では，耐用年限を100年とし，防食率は「港湾の施設の技術上の基準・同解説，1999年4月」に基づき90％とし，電気防食で対応し，それで足りない部分は腐食しろを見込んでいる．

15) その他

沈埋トンネルが建設される海底が浅い場合には，投錨，船の沈没などの影響を考慮しなければならない場合がある．

16) 地震荷重

既往の設計で用いられている設計地震動は，日本港湾協会「港湾の施設の技術上の基準・同解説，1999年4月」に記載されている設計地震動とし，以下の2段階のものである．

① レベル1地震動：設計耐用期間に遭遇する確率が高い地震動で，一般に，その確率が0.5程度と想定されるものが用いられる．

② レベル2地震動：設計耐用期間に遭遇する確率は小さいが，建設地点に起こり得る強震動で，プレート境界型の地震動あるいは近傍の活断層による地震動に相当する．

したがって，上記の地震動に相当する想定地震波による適切な応答解析により設計地震荷重を定める必要がある．なお，最新の耐震設計法については第8章で記述している．

17) 爆破・爆発の影響

火薬など危険物を搭載する車両の通行を許す場合には，爆破や爆発の影響を

考慮しなければならない．

6.3.2 構造性能と照査項目

沈埋函の必要な構造性能とそれらに対応する設計時の照査項目の例を表 6.2 に示す．

表 6.2 構造性能と照査項目

項目	必要構造性能	照査項目
製作および施工時の安全性	・沈埋函の製作時，曳航時の耐荷性能と変形性能 ・沈埋函の浮遊時，曳航時の安定性 ・沈埋函の施工時の安定性	・部材の発生応力度，変形量，座屈など ・乾舷量，浮き上がり量，回転量など ・沈設，接合時の発生応力度，変形量など
供用時の性能	・外荷重に対する耐荷性能と変形性能 ・地盤の支持力に対する安定性 ・止水性 ・火災時の安全性 ・耐久性	・トンネル横断面および縦断面での部材断面の強度と変形量，継手の強度と変形量 ・地盤支持力，圧密沈下など ・継手部の漏水と復旧 ・防火材の性能，部材強度や継手強度の低下など ・鋼材の腐食，コンクリートのひび割れ，コンクリートのクリープ・乾燥収縮，止水材および防火材の劣化など
地震時の性能	・地震荷重に対する耐荷性能，変形性能 ・地盤の性状と安全性	・部材断面の破壊，崩壊メカニズム，継手の変形と破壊 ・地盤の液状化と側方流動など

6.3.3 安全性や耐久性等の照査法

図 6.1 のフローに従って選定された基本構造に対して，以下のように照査される．

(1) 製作および施工時の安全性

表 6.1 に示した荷重作用のなかで自重，浮力，揚圧力，波力，艤装品および機械装置重量などに対して，トンネル函体の安全性を照査しなければならない．表 6.2 の照査項目のなかでの発生応力，変形量などの算定は基本的には函体を弾性体と仮定した解析（弾性解析）によって行うのが一般的である．安全性の照査は，式 (6.4) に示した許容応力度照査式に基づくことが多く，その際に用いる許容応力度，許容変形量などは後に示す供用時の照査に用いる値（たとえば表 6.4 を参照）に適当な割増し係数（たとえば 1.5）を考慮することが多い．また，函体の浮き上がりならびに回転などの剛体安定に対する安全率は 1.1 程度にとる場合が多い．

(2) 外荷重に対する耐荷力および変形性能

自重，水圧，土圧，交通荷重，温度荷重，プレストレス力，地盤沈下など荷重作

用に対しては，函体の使用限界状態ならびに終局限界状態を定め，それぞれに対して安全性の照査を行わねばならない．これらの照査に必要な構造解析は，トンネル横断面と縦断面に分離した骨組みモデルによって行われるのが一般的で，使用限界状態に対しては弾性解析法が用いられ，終局限界状態に対しては非弾性または弾塑性解析法が用いられるが，一部は弾性解析法で代替することも多い．これらの解析法によって求めた各部材の応力，ひずみ，断面力，たわみなどを用いて必要な構造性能が照査される．

終局限界状態での照査に対しては，沈埋函の上，下床版，側壁などの部材の曲げおよびせん断耐力を塑性理論により算定し，次式によって安全性を照査するのが一般的である．

$$\gamma_i \frac{S_d}{R_d} \leq 1.0 \tag{6.9}$$

ここで，γ_i は構造物係数で，構造物の重要度によって定められる係数で，沈埋トンネルの場合は $\gamma = 1 \sim 1.2$ にとられ，S_d は部材に発生する断面力の設計用値，R_d は部材または部材間の接合部の曲げおよびせん断耐力の設計用値で，以下のように求められる．

$$\left.\begin{array}{l} S_d = \gamma_f S(F) \\ R_d = \dfrac{R(f_d/\gamma_m)}{\gamma_b} \end{array}\right\} \tag{6.10}$$

ここで，γ_f は荷重係数，γ_m は材料係数，γ_b は部材係数．これらの部分安全係数は，たとえば，土木学会「コンクリート標準示方書（設計編），1996年版」によれば，表6.3のように与えられている．

表 6.3 各種の部分安全係数のとり方

安全係数		材料係数 γ_m		部材係数 γ_b	荷重係数 γ_f	構造物係数 γ_i
		コンクリート γ_c	鋼材 γ_s			
限界状態	終局	1.3	1.0	1.15～1.3	1.0～1.2	1.0～1.2
	使用	1.0	1.0	1.0	1.0	1.0

式 (6.5) での関数 S は最大断面力を求めるための構造解析を意味し，既往の沈埋トンネルの設計では弾性構造解析を用いることが多い．また関数 R は断面解析を意味し，RC部材，PC部材や合成構造部材の終局曲げ耐力に対しては，平面保持の仮定に従った塑性曲げ理論により求められる．

終局せん断耐力の設計用値は多くの実験成果に基づく経験式を用いる場合が多く，たとえば，RC 部材や PC 部材に対しては，土木学会「コンクリート標準示方書（設計編），1996 年版」が，鋼・コンクリート合成部材に対しては，土木学会「複合構造物設計・施工指針（案），1997 年 10 月」が参考になる．

一方，使用限界状態の照査に対しては，表 6.1 に示した供用時の荷重作用に対して，変形，ひび割れ幅，振動などを応答値を弾性構造解析法によって求め，それらの最大応答値（δ_d）が別途定めた許容値（D_d）を超えないように次式で照査される．

$$\gamma_i \frac{\delta_d}{D_d} \leq 1 \tag{6.11}$$

使用限界状態での各安全係数（γ_i）は，表 6.3 に示すようにすべて 1.0 とすることが多い．沈埋函の外面は，通常，防水鋼板で覆われている場合が多いので，ひび割れ幅の照査は内面のみで行われる．道路トンネルでは排気ガスなどによって腐食環境下にあると考え，土木学会「コンクリート標準示方書，1996 年版」による許容値（コンクリートかぶりの 0.004 倍）を用いることが推奨される．

また，沈埋トンネルの設計では，使用限界状態の照査は式（6.4）に示した許容応力度式に基づいて行われることが多く，その際に用いる材料の許容応力度の一例（神戸港港島トンネルでの例）を表 6.4 に示す．また，自重，水圧，土圧などの主荷重以外の荷重作用の組合せを考慮する場合には，許容応力度の割増し係数を同トンネルでは表 6.5 のように用いている．すなわち，式（6.4）の許容応力度を表のような値にとれば，使用限界状態での安全性の照査は十分満足できるものとされている．

表 6.4 許容応力度

材料	種別	許容応力度	備考
コンクリート	許容曲げ圧縮応力度	$10\,\mathrm{N/mm^2}$	
	許容せん断応力度	$0.45\,\mathrm{N/mm^2}$	せん断補強材がない場合
	〃	$1.9\,\mathrm{N/mm^2}$	せん断補強材がある場合
	許容付着応力度	$1.8\,\mathrm{N/mm^2}$	
鉄筋（SD345）	地震の影響を含まない場合の許容引張応力度	$160\,\mathrm{N/mm^2}$	
	地震の影響を含まない場合の許容引張応力度	$200\,\mathrm{N/mm^2}$	
鋼板（SM490Y）	許容引張応力度	$210\,\mathrm{N/mm^2}$	
形鋼（SS400）	〃	$140\,\mathrm{N/mm^2}$	

（注）本表のコンクリートの許容応力度は設計圧縮強度を $30\,\mathrm{N/mm^2}$ としたときの値である．神戸港港島トンネル沈埋部：合成構造設計指針（案），1995.3 による．

表 6.5　許容応力度の割増し係数

荷重の組合せ	割増し係数
温度変化の影響	1.15
異常潮位の影響	1.30
地震時	1.50
施工時荷重	1.25

神戸港港島トンネル沈埋部，合成構造設計指針（案），1995.3 による．

(3) 地盤の支持力あるいは沈下に関する安全性

沈埋トンネルを設置する海底地盤およびアプローチ部の地盤については事前に地盤調査を行わなければならない．この調査は，ボーリング調査を主体として行われるが，その内容（本数，間隔，深さなど）は地形条件および予備調査によって決められる．

沈埋トンネルは軟弱な地盤上に設置される場合が多いので，地盤沈下の的確な予測を行う必要がある．これらの地盤調査の結果に基づき，設計のための地盤条件を定め，それに基づいて沈埋トンネル函体および継目部などの応力および変形解析が行われる．たとえば，地盤の不等沈下の影響はトンネル軸方向の骨組みモデルの解析によって検討されることが多い．その際，可撓性継手の導入によって応力度の低減がはかられるが，これらの継手の許容変形量を的確に定め，耐用年限中の止水性を十分保証しなければならない．

(4) 止水に対する安全性

沈埋トンネルの継手には剛継手と可撓性継手がある．剛継手は変形がほとんどなく十分な強度を有するものを用いる．可撓性継手はゴムガスケットが一般的であるが，最近ではベローズ式継手などの新しい工法が採用される場合がある．供用時および地震時での最大変位の応答値に対しても可撓性継手は十分な止水能力があることを，実験などで事前に確かめなければならない．

(5) 地震時の安全性

耐震設計法については第8章で詳述するが，沈埋トンネルの地震時の構造性能は，以下のように定めることができる．

- 耐震性能1：損傷が軽微であり，沈埋トンネルが安全性を十分に有し，供用性の低下がなく，必要に応じて軽微な補修により使用が継続できる性能．
- 耐震性能2：ある程度の局部的な損傷は許容するが，沈埋トンネルの機能性を損なうような大きな損傷または破壊が生じない状態にあり，補修によって使用が継続できる性能．

橋梁の上部や下部工などでは，耐震性能3として，構造全体の破壊や落橋しない状態を保有する性能を規定する場合もあるが，沈埋トンネルでは補強が困難であり，耐震性能3のような性能は許容できない場合が多いものと考えられる．

したがって，地震時の安全性の照査では，**6.3.1** の (16) で規定したレベル1地震動に対しては耐震性能1を，また，レベル2地震動に対しては耐震性能2を保持するよう適切な方法で照査することが必要である．レベル1地震動に対する応答解析は設計弾性理論により，また，レベル2地震動に対する応答解析は，構造物の塑性変形を考慮した非線形解析によるのが一般的である．照査法は，レベル1に対しては使用限界状態の照査に準じた式，たとえば式 (6.4) または式 (6.6) が，レベル2に対しては終局限界状態の照査に準じた式，たとえば式 (6.9) が適用される．

6.4 沈埋トンネル横断面の設計

6.4.1 解析モデル

沈埋トンネルの横断面の解析は，図6.2に示すような箱形ラーメン構造として行うのが一般的である．すなわち，上床版，下床版および側壁は隅角部で剛接され，中間壁は上，下床版と剛接または滑接されているものとする．解析は骨組線形理論に基づくが，終局限界状態に対しては，隅角部に発生する塑性ヒンジによるモーメントの再分配が場合によっては考慮できる．

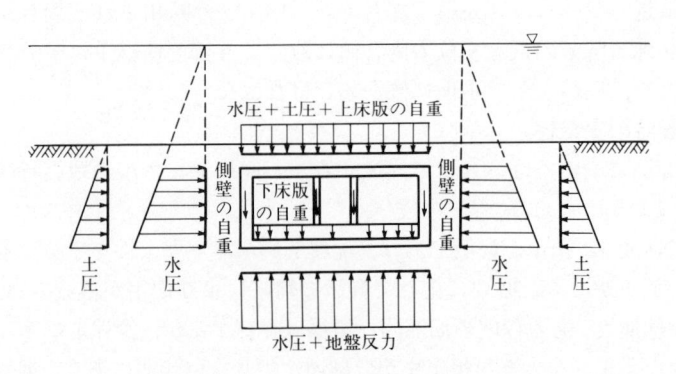

図 **6.2** トンネル横断面と荷重作用

沈埋トンネルの横断面に作用する主たる常時荷重は，自重，水圧，土圧，地盤反力で，それらは図 6.2 に示すように，等分布または等変分布荷重とするのが一般的である．地震時荷重は最大応答加速度による慣性力，側壁への動土圧および地盤反力であり，それらの分布は地震応答解析法によって定められる．

6.4.2 鉄筋コンクリートおよびプレストレストコンクリート部材の設計

(1) 終局曲げ耐力

図 6.3 に示すように，コンクリートの圧縮限界ひずみを 0.0035 と仮定し，平面保持の仮定に基づく等価応力ブロック法を用い，終局曲げ耐力の設計用値は以下のように求められる．

$$M_d = \sigma_{sy} A_s a d \tag{6.12}$$

ここで，σ_{sy} は鉄筋の設計降伏応力，A_s は引張鉄筋の断面積，d は有効高さ，a は応力ブロックの重心と引張鉄筋重心間の長さ（アーム長），すなわち，$a = d - 0.4x$ である．

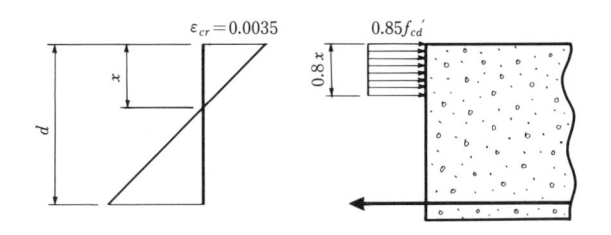

図 6.3 平面保持の仮定と等価応力ブロック

(2) 終局せん断耐力

土木学会「コンクリート標準示方書（設計編），1996 年版」に基づけば，RC 部材および PC 部材の終局せん断耐力の設計用値は次式によっている．

$$V_{yd} = V_{cd} + V_{sd} + V_{\rho ed} \tag{6.13}$$

すなわち，RC 部材のせん断耐力はせん断筋のない部材のせん断耐力とせん断補強材の耐力と軸方向緊張材のせん断耐力への寄与との和として与えており，それらの値は次式によって求められる．

$$V_{cd} = \frac{\beta_d \beta_\rho \beta_n f_{vcd} b_w d}{\gamma_b} \tag{6.14}$$

ここで，$f_{vcd} = 0.2\sqrt[3]{f'_{cd}}$ 　[N/mm^2]
　　　　$\beta_d = \sqrt[4]{100/d}$　　(d : [cm])，ただし $\beta_d > 1.5$ の場合は 1.5 とする．
　　　　$\beta_\rho = \sqrt[3]{100 p_w}$，ただし $\beta_\rho > 1.5$ の場合は 1.5 とする．
　　　　$\beta_n = 1 + M_0/M_d$　　（軸方向力が圧縮の場合，$\beta_n \leq 2$）
　　　　　　$= 1 + 2M_0/M_d$　　（軸方向力が引張の場合，$\beta_n \geq 0$）
　　　　M_d，M_0 はそれぞれ設計曲げモーメントおよび M_d の作用の下での引張応力を打ち消すために必要な曲げモーメント
　　　　b_w は部材の腹部幅で，床版の場合は 1m とする．
　　　　p_w は鉄筋比
　　　　γ_b は部材係数で 1.3 を用いる．

$$V_{sd} = \frac{A_w f_{wyd}(\sin\alpha_s + \cos\alpha_s)}{s_s} \frac{z}{\gamma_b} \qquad (6.15)$$

ここで，A_w は区間 s_s におけるせん断鉄筋量の総断面積
　　　　f_{wyd} はせん断補強鉄筋の降伏強度
　　　　α_s はせん断補強筋が部材軸となす角度
　　　　z は圧縮応力の重心から引張補強材の重心までの距離
　　　　γ_b は部材係数で 1.15 を用いる．

$$V_{\rho ed} = \frac{P_{ed} \sin\alpha_\rho}{\gamma_b} \qquad (6.16)$$

ここで，P_{ed} は軸方向緊張材の有効引張力
　　　　α_ρ は軸方向緊張材が部材軸となす角度
　　　　γ_b は部材係数で 1.15 を用いる．

(3) 変形やひび割れ幅の算定

使用限界状態の照査は式 (6.11) によって行われるので，供用時の荷重作用の下での変形やひび割れ幅の算定を行わなくてはならない．RC 部材のたわみの計算や曲げひび割れは，土木学会「コンクリート標準示方書（設計編）」によって算定できる．すなわち，たわみの算定に対しては，ひび割れ断面とひび割れのない断面の剛性を平均化したいわゆる Branson の式を修正した曲げ剛性 $E_c I_e$（E_c はコンクリートの設計弾性係数，I_e は換算有効断面 2 次モーメント）が用いられる．すなわち，

$$I_e = \left(\frac{M_{crd}}{M_{d\max}}\right)^3 I_g + \left[1 - \left(\frac{M_{crd}}{M_{d\max}}\right)^3\right] I_{cr} \leq I_g \qquad (6.17)$$

ここで，I_g は鋼とコンクリートの全断面有効の断面 2 次モーメント，I_{cr} は引張応力を受けるコンクリートを無視した断面 2 次モーメント，M_{crd} は曲げひび割れモーメント，$M_{d\max}$ はたわみを計算する部材における最大設計曲げモーメントである．式 (6.17) は短期荷重に対する適用式であるが，長期荷重に対してはクリープの影響を次式によって考慮している．

$$\delta_l = (1+\varphi)\delta_{ep} \tag{6.18}$$

ここで，δ_l は長期荷重に対するたわみ，δ_{ep} は短期荷重に対するたわみ，φ はクリープ係数である．

一方，曲げによるひび割れ幅 w の算定には，同示方書には以下に示す実験式が用意されている．

$$w = k[4c + 0.7(c_s - \phi)]\left[\frac{\sigma_{se}}{E_s} + \varepsilon'_{cs}\right] \tag{6.19}$$

ここで，$k = 1$（ただし異形鉄筋の場合），c はかぶり [cm]，c_s は鉄筋間隔，ϕ は鉄筋径，ε'_{cs} はコンクリートの乾燥収縮およびクリープの影響を考慮するための数値，σ_{se} は鉄筋応力の増加量で，通常 $\varepsilon'_{cs} = 150 \times 10^{-6}$ を用いる．

使用限界状態に対する式 (6.11) の照査式において，δ_d は設計荷重の下での応答値であり，弾性構造解析によって求めた曲げ応力や曲げモーメントを用いて，式 (6.17) や式 (6.19) によって算定される．一方，D_d は許容値であり，許容たわみ値は部材長に対する一定の比率で規定される場合が多い．また，許容ひび割れ幅 w_a は，前述の示方書によれば，異形鉄筋の場合，一般の環境で $0.005\,c$，腐食性環境で $0.004\,c$（ただし c はコンクリートかぶり）とされている．

6.4.3 合成構造部材の設計

（1）鋼殻構造の設計（製作時）

鋼殻とコンクリートが一体化する前（合成前）の鋼殻構造の設計には，前述の鉄筋コンクリート構造のようにトンネル横断面をラーメン構造とした骨組解析では不十分で，リブやダイヤフラムで補剛された板構造としての解析を必要とする．このような補剛板構造の設計には，既往の鋼構造設計基準，たとえば「道路橋示方書・同解説，II 鋼橋編」，または土木学会「鋼構造物設計指針 Part A, 1997 年 9 月」が参考になる．製作時の荷重作用に対する安全性の照査は，使用限界状態の照査に準じて行われ，その照査は式 (6.20) で表される許容応力度設計法に基づく場合が多い．すなわち，

$$\frac{\sigma}{\sigma_a} \leq 1.0 \qquad (6.20)$$

ここで，σ は設計荷重の下での鋼殻に作用する応力で，通常，弾性構造解析により求められる．また σ_a は許容応力度で，式 (6.4) より，$\sigma_a = f_y/\gamma$（ここに，f_y は降伏応力，γ は安全率）で与えられる．「道路橋示方書・同解説，II 鋼橋編」においては，使用する鋼材の種類に応じて，許容軸方向応力度，許容曲げ引張応力度，許容曲げ圧縮応力度，許容せん断応力度などが規定されている．また，鋼殻構造は薄鋼板の溶接による組立断面を有することより，座屈に対する安全性が重要になるので，同示方書では最小板厚，鋼板の幅厚比，補剛板の局部座屈に関する規定などが用意されており，いずれも沈埋トンネルの鋼殻構造の設計に利用できる．ただし，製作時および施工時の荷重は短期荷重であるので，供用時の荷重に対する安全率よりいくぶん小さくとることができると考えられるが，既往の沈埋トンネルの設計では安全側の配慮により前述の規定を準用している場合が多い．また，沈埋函のたわみの許容値として函長の 1/1 000 程度とする場合もある．

(2) 合成構造の設計（完成系）

沈埋函の上，下床版や側壁に適用される鋼とコンクリートの合成部材には，外面のみが鋼板に覆われているオープンサンドイッチ部材と，内外両面が鋼板に囲まれているサンドイッチ部材（フルサンドイッチ部材と呼ばれることもある）とがある．オープンサンドイッチ部材では，鋼板を鉄筋と同様の引張補強材と見なし，RC 構造の設計基準が適用できるが，鋼板とコンクリートの間のせん断力の伝達を確保するためのずれ止めを設けなければならない．一方，サンドイッチ部材では，補剛リブやダイヤフラムがずれ止めの機能を果たすために，スタッドコネクタのような特別なずれ止めを必要としない場合もある．以下，合成構造部材の固有な項目のみに着目する．

a) ずれ止めの強度

上，下床版や側壁がオープンサンドイッチ部材により設計する場合のずれ止めの安全性の照査式は以下のようになる．

$$\frac{T_{d\max}}{\sum_i H_{di}} \leq 1.0 \qquad (6.21)$$

ここで，$\sum_i H_{di}$ は曲げモーメントの最大点とゼロ点の間の区間（せん断スパン長に相当する）内にあるずれ止めの設計せん断強度の総和（単位幅当たり），$T_{d\max}$ は最大曲げモーメント断面での鋼板の引張力で次式で与えられる．

$$T_{d\max} = \frac{M_{d\max}}{a} \tag{6.22}$$

ここで，$M_{d\max}$ は設計最大曲げモーメント（単位幅当たり），a はその断面内での圧縮合力の重心点から引張力の重心点までの距離（アーム長）である．

一方，ずれ止めの設計せん断強度は，たとえば，「神戸港港島トンネル沈埋部合成構造設計指針（案），1998年3月」によれば，頭付きスタッドによるずれ止めを用いる場合では，

$$H_{di} = 1.84 d^2 \sqrt{f_{ck}} \tag{6.23}$$

ここで，H_{di} は1本当りの許容せん断力 [kN]，d はスタッド軸径 [cm] で，f_{ck} はコンクリートの設計圧縮強度 [N/mm^2] である．式 (6.23) は「道路橋示方書，1996年12月」の規定に準じたものであるが，沈埋函では疲労の影響はほとんどないことより，安全率を下げている．沈埋函では補剛材やダイヤフラムなどもずれ止めとして機能するが，これらの設計強度は，別途実施した押し抜きせん断試験によって決定されることが望まれる．表 6.6 には，「神戸港港島トンネルの設計指針（案），1998年3月」による山形鋼の補剛リブによる設計せん断強度と安全性の照査に用いる終局せん断強度の例を示している．

オープンサンドイッチ部材では，ずれ止めの間隔は部材厚以下でなければならないが，フルサンドイッチ部材で内部コンクリートの全周が外殻鋼板，せん断補剛板やダイヤフラムなどの鋼板で覆われている場合には，ずれ止めの間隔は必ずしも部材厚以下にする必要はない．

表 6.6 山形鋼の設計せん断強度 H_{di}^s と終局せん断強度 H_{di}^u （単位幅 1m 当たり）

山形鋼のサイズ	$150 \times 90 \times 9$	$150 \times 150 \times 12$	$150 \times 150 \times 15$	$200 \times 200 \times 15$
H_{di}^s [kN/m]	250	250	250	270
H_{di}^u [kN/m]	550	550	550	600

b) 施工時に導入された応力の影響

オープンサンドイッチ部材やサンドイッチ部材では，施工段階でのコンクリート打設時には鋼殻がコンクリートの型枠および支保工としても機能するので，鋼殻は施工時応力を受け，この応力はコンクリート硬化後も残留する．それゆえ，このような残留応力が合成構造としての安全性にどのような影響を与えるかを検討しなければならない．特に，大断面の沈埋函の上床版や側壁では，打設コンクリートの自重やフレッシュコンクリートの打設圧による鋼板応力が非常に大きくなる場合がある．もし，このような残留応力が引張であるときは，供用時に作用

する荷重によって，鋼板の降伏を早めるが，通常の鋼板は引張に対しては大きな延性（またはじん性）を有しているので，合成構造部材の終局限界状態の照査には，この種の残留応力の影響は無視できるものと思われる．一方，残留応力が圧縮のときは，合成構造部材の安全性が鋼板の座屈による影響を考慮しなければならない．しかしながら，合成後の鋼板はコンクリートとの一体化がはかれるので，もし座屈が発生したとしても，コンクリートによる拘束によって座屈による鋼板の膨らみ現象が穏やかであり，鋼殻のみの場合とは現象が大きく異なり安定した挙動に支配され，座屈後も一定の強度を期待することができる．

土木学会「複合構造物設計・施工指針（案），1997年7月」では，このような座屈後の終局強度の設計値（f'_{ud}）として以下のものを与えている．

$$f'_{ud} = \left(\frac{t_f}{b}\right)\sqrt{E_s\,f'_{yd}}, \quad \text{ただし } f'_{ud} \leq f'_{yd} \qquad (6.24)$$

ここで，t_f は面内圧縮応力を受ける鋼板の板厚，b は面内圧縮応力の作用方向と平行な補剛リブ間隔，E_s は鋼板のヤング率，f'_{yd} は鋼板の設計圧縮降伏強度である．

c）せん断耐力

オープンサンドイッチ部材のせん断機構はRC部材のそれに類似しているので，引張側の鋼板を鉄筋と見なして，式（6.13）によりせん断耐力を算定することができるが，コンクリート断面に対する引張鋼材比が通常のRC部材の鉄筋比より著しく大きくなる場合には，式（6.14）での p_w は釣合い鉄筋量以下に制限しなければならない．

一方，サンドイッチ部材のせん断機構は複雑で，まだ十分に解明されているとはいいがたい．図6.4には，一般的なサンドイッチ構造の概要を示している．本構造では，内外面の外殻鋼板は，隔壁（ダイヤフラム）または適当な間隔保持材によって連結されている．もしダイヤフラムが軸方向と平行に配置されている場合は，ダイヤフラムはある有効幅をもつ梁の腹板としてせん断補強材としても機

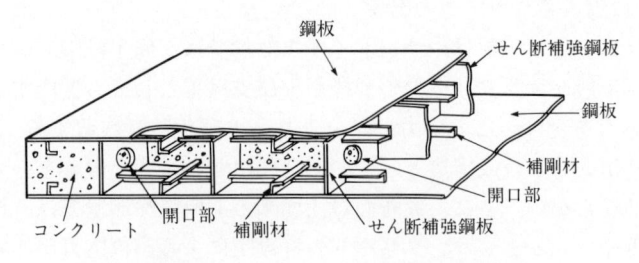

図 **6.4** フルサンドイッチ部材の概要 [5]

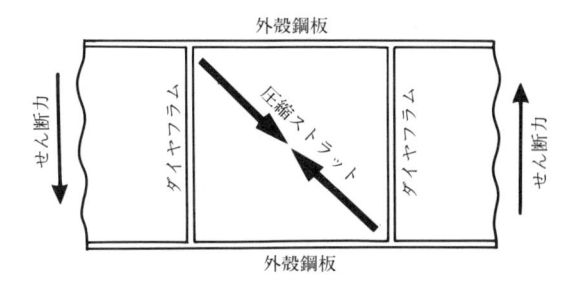

図 6.5 圧縮ストラットとトラス機構

能する．また，ダイヤフラムが軸方向と直角に配置されている場合は，ダイヤフラム間のコンクリートには，図 6.5 に示すような圧縮ストラットができ，トラス機構によりせん断耐力を発揮する．このようにダイヤフラムの配置に応じたせん断耐力の設計用値が，土木学会「複合構造物設計・施工指針（案），1997 年 10 月」に提案されている．しかしながら，前述の有効幅の問題や，コアコンクリートのせん断耐力への寄与率についてまだ十分解明されておらず，合理的なせん断耐力の評価式が確立されているとはいいがたい．したがって，神戸港港島トンネルの設計では，便宜的に次式による供用時の平均せん断応力 (τ_m) が表 6.4 のコンクリートの許容せん断応力以下になるよう制限している．すなわち，

$$\tau_m = \frac{S_d}{b_w d} \tag{6.25}$$

ここで，b_w は部材幅（通常は単位幅），S_d は設計せん断力，d は部材の有効高さ（サンドイッチ部材の厚さ）である．

また，終局限界状態での安全性の照査は前述の土木学会（案）に準じて行われている．

6.5 函軸方向の設計

6.5.1 解析モデル

トンネル軸方向の断面内応力を発生させる主たる荷重は，自重，上載土重量，活荷重（交通荷重），水圧，温度変化およびコンクリートの乾燥収縮の影響，地盤の不等沈下などである．これらの荷重による軸方向応力を算定するには，図 6.6 に示すような，トンネル断面の重心を結ぶ骨組みの構造解析によって行われる．沈

図 6.6 トンネル軸方向の解析モデルの例

埋部は通常 100 m 前後の函長のブロックを継手により連結して構築されるので，構造解析には継手の挙動を考慮しなければならない．

通常は，剛継手または可撓性継手が用いられる．剛継手は函断面の曲げモーメント，せん断力および軸力を完全に伝達するもので，この継手で連結された沈埋函は一体として挙動する．可撓性継手はゴムガスケットやベローズなどの函軸方向の抵抗がほとんどない材料で構成されるので，曲げモーメントと軸力の伝達がないが，鉛直および函軸直角方向の水平移動に対しては，通常せん断キーの設置によって拘束している．

したがって，これらの挙動が表現できるヒンジを挿入することによって可撓性継手はモデル化される．

6.5.2 弾性ばね地盤上の梁としての解析

沈埋トンネルや換気塔の自重，上載土重量，活荷重，水圧，温度変化およびコンクリートの乾燥収縮の影響などは，図 6.6 の骨組みが弾性ばね地盤上にあるとして解析される．その際に用いる地盤ばね係数（地盤反力係数）の決定には既往の設計基準，たとえば「道路橋示方書（下部構造編），1996 年 12 月」が参考になる．解析結果より，函断面の軸方向応力度，継手の変形などの最大応答値が求められ，それらが許容値以下になるように照査される．特に，継手の止水性が確保できるよう，個々に用いる継手構造に対して解析および実験などを行って，継手の許容変形量を定めなければならない．

6.5.3 地盤の沈下解析

粘土地盤の圧密による地盤沈下を予測するために，沈埋トンネルの設置現場の地盤調査を行わなければならない．通常は，沈埋部およびアプローチ部を含めた数か所から十数か所での地盤の沈下量と土質定数を測定し，沈下計算のパラメータになる圧密係数 m_v を決定し，沈埋トンネル完成後の設計耐用年度内の沈下曲

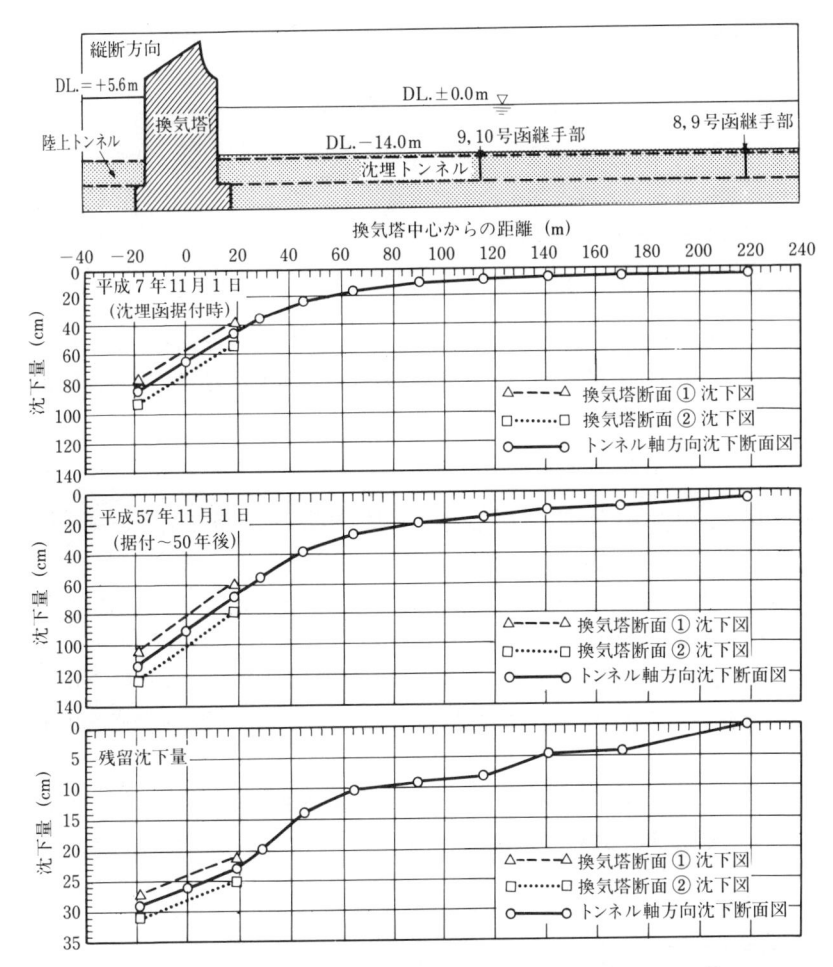

図 6.7 計測沈下曲線と残留沈下曲線（大阪咲洲トンネルでの例）[7]

線を予測している．一例として，大阪咲洲トンネルの函体据付け時から50年後のトンネル軸線に沿った沈下量の計算値（残留沈下量）を図6.7に示す．図より，換気塔とその背面のアプローチ部での残留沈下量は大きく，沈埋部の中央での沈下はほとんどないことがわかる．したがって，換気塔と沈埋函の接合部の継手が大きな変形を受けることが予測できるので，この部分の継手の設計に留意する必要がある．

6.5.4 トンネル函体の沈下応答解析

図 6.7 の残留沈下曲線に示すような地盤沈下が起こると，沈埋トンネルには不等沈下が起こり，それに付随して，トンネル函断面および継手に軸方向の応力ならびに変形が発生する．このような応力および変形の解析には，沈埋函を軸方向に多くの要素に分割し，継手部を含めた全節点の弾性変位ベクトルを U とし，次式に示す剛性方程式が用いられる．

$$KU = R \tag{6.26}$$

ここで，K は函体の弾性剛性，継手の剛性および地盤ばね係数を考慮した全体剛性行列であり，R は等価節点力ベクトルである．等価節点力ベクトルは残留沈下曲線 $\overline{U}_R$ より次式で求められる．

$$R = \overline{K}\,\overline{U}_R \tag{6.27}$$

ここで，$\overline{K}$ は函体の弾性剛性および継手の剛性のみを考慮した全体剛性行列である．

すなわち，式 (6.27) は沈埋トンネルのたわみが各節点において残留沈下曲線に等しくなるような等価節点力 R を決定するための式であり，式 (6.26) は，剛体変位を除くための幾何学的境界条件を加味し，R による弾性変位 U を決定するための式であり，これより函体および継手の応力および変形の弾性応答値が求められる．

以上の手順により求めた応力および変形が各許容値を超えないように照査することによって安全性が確保できる．

6.6 沈埋函継手の設計

6.6.1 概　説

沈埋トンネルでの継手は，沈埋函間，沈埋函と立坑，陸上トンネルと換気塔，沈埋函と陸上トンネル間に存在する．継手の種類は，剛結合継手（剛継手）と可撓性継手（柔継手）に大別される．剛継手は，継手部の剛性が本体と同等なもの，柔継手は，本体より小さい継手をさす．継手の性能としては，函体の断面力を滑らかに伝達あるいは変形を吸収すること，止水性を確保すること，車両の走行を円滑にすること（段差などがないこと），施工性がよいことである．

6.6.2 接合および止水構造

(1) 力の伝達成分

接合部での力の伝達方向は，図 6.8 に示すように軸圧縮，引張，曲げなどの 6 成分がある．この成分すべてを固定するのが剛結合で，1 成分以上で函体自体の剛性より小さくした結合方法を柔継手という．一般的には軸方向と曲げ方向に柔構造となり，せん断方向には剛結合が普通である．せん断キーは水平方向と鉛直方向に設けられ，せん断方向の移動は制約されている．

(2) 止水の方法

継手部での止水は，ひび割れの発生が予想され打継目の処理に問題があるコンクリートでは十分でなく，ゴム材，止水版，鋼板などで確実に行う．ゴム材では仮接合の際用いるゴムガスケットを一次止水材とする方法がある．引張力でバルクヘッドとゴムガスケットが離れない限り有効な方法である．Ω 形，W 形のゴム材での止水材は二次止水と呼ばれ，水圧にもつだけでなく継手部での大きな変形に耐えられる構造となっている．コンクリート間にゴム製の止水板を入れる方法

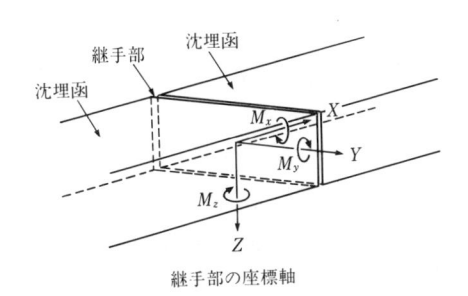

力の方向		抵抗要素
X 方向	圧縮側	ガスケット
	引張側	ガスケット ＋ PC ケーブル
X 軸の回転（ねじれ）		ガスケット ＋ せん断キー
Y 方向	水平せん断	ガスケット （＋ せん断キー）
Y 軸の回転		ガスケット ＋ PC ケーブル
Z 方向	垂直せん断	ガスケット （＋ せん断キー）
Z 軸の回転		ガスケット ＋ PC ケーブル

図 6.8 接合部の力の伝達

もある．この方法は継手部での変形が小さい場合に有効であり，ヨーロッパの沈埋トンネルでの事例がある．沈埋函周辺の防水鋼板あるいは沈埋函内側で鋼板を溶接するのも有効である．沈埋函の多くは，止水性を確実にするため2種類以上の止水工法を採用している．

6.6.3 剛結合継手

剛結合継手は，沈埋函本体と同程度の強度を保有する継手で，水圧接合方式と水中コンクリート方式がある．水圧接合方式では，図6.9に示すようにゴムガスケットで一次止水をした後沈埋函本体からの鉄筋を重ね継手（スリーブ継手，溶接継手なども可能）あるいは鋼板を溶接で接合する．その後，継手部の空間にコンクリートを充填して継手部を完成させる．ゴムガスケットは沈埋函の断面を拡大する場合と，断面内に納める方法とがある．水中コンクリート方式では，継手部に外側よりコンクリートを打設して一体化するものである．最終継手部などに採用される．剛結合は構造が簡単なうえ，止水性も確実である．ただし，地震，周辺地盤の不等沈下，温度変化などに対して追従性が小さく，函体に大きな断面力を発生させることになる．このため，地盤状況が良く地震活動が少ない場合に採用される．

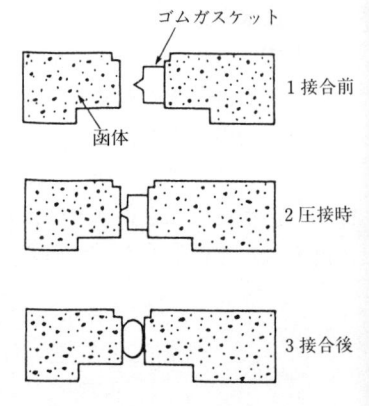

図 6.9 水圧接合時のゴムガスケットの変形

6.6.4 可撓性継手

地震動による函体断面力を低減，地盤の不等沈下などを継手部で吸収し函体の断面力を低減する目的で，柔継手が設けられる．柔継手の種類を図6.10に示す．柔継手の性能から，半固定式継手，ばね式継手およびスライド式継手に分類される．

半固定式は，ゴムガスケットとコンクリート部分（軸剛性は函体部より小さくする）で圧縮力に抵抗し，引張力はケーブル，鋼板，鉄筋などで抵抗する．止水性は，ゴムガスケット，止水鋼板，ゴム材で止水する．

ばね式継手は，圧縮力にはゴムガスケットで，引張力はPCケーブルで抵抗する．東京港第二航路トンネルで使用されてから，わが国では広く使用されている．

6.6 沈埋函継手の設計

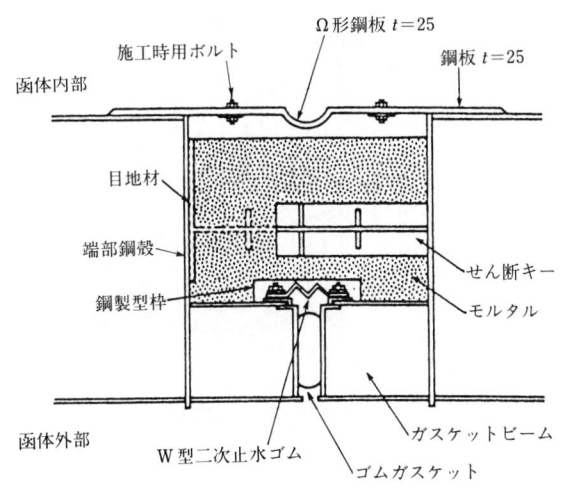

(a) 半固定式

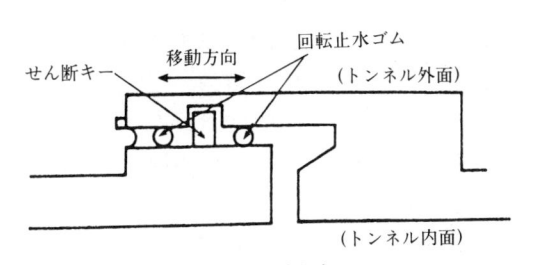

(b) スライド式

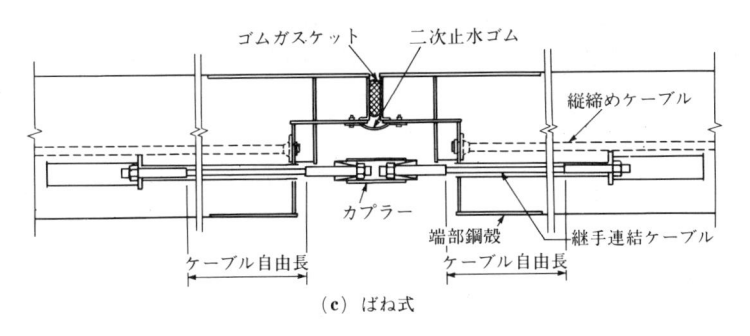

(c) ばね式

図 6.10 柔継手の種類

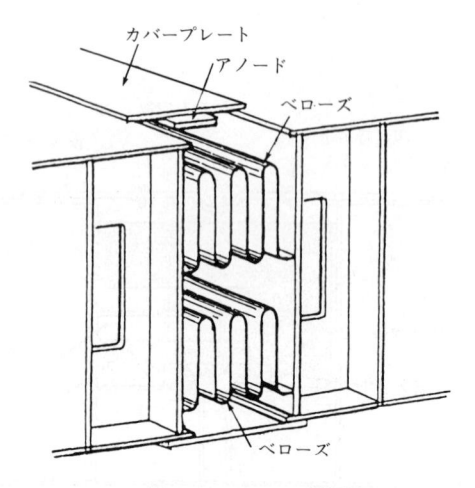

図 6.11 ベローズ継手

　スライド式はゴムガスケットを移動，あるいはゴム材を回転させながら止水性を確保しつつ変形を吸収する構造である．

　また最近，図 6.11 に示すベローズ継手（波形鋼板）による方式も提案されている．これはプレスにより半円形の鋼板と直線の鋼板部分を製作し，軸方向の変形を吸収する構造となっている．この構造ではゴムガスケットよりも大きな変形を吸収できる．沖縄那覇港の沈埋トンネルでこの継手構造が採用された．

(1) ゴムガスケットの設計

　沈埋トンネルの接合作業用と継手部の止水にゴムガスケットが広く使われている．ゴムガスケットの形状には図 6.12 に示すものが提案されているが，ジーナ型と呼ばれる形状が代表的である．本体と上部に一時止水用のノーズと呼ばれる突起と下方には固定用のフランジが取り付けられている．ゴムガスケットは，天然ゴムに各種の材料を加え高温高圧で加硫して製作される．約 6m 程度の長さに製

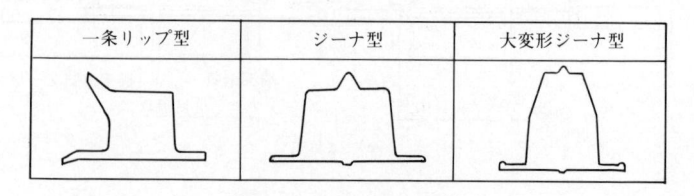

図 6.12　ガスケットの形状

作されたのを加硫により次々と接合し,沈埋函端部の全周を製作する.ゴムガスケットは水圧接合により高さが半分程度に圧縮され,この状態で長期間おかれる.
ゴムガスケットの要求される性能は以下のとおりである.
① 大きな圧縮量を許容できるひずみ領域（250%以下）となる形状
② 強伸度,高引裂強度であること
③ 応力緩和や圧縮永久ひずみが小さいこと
④ 地震時の繰返し高圧縮荷重に耐えること
⑤ 長期間材質が変化しないこと
⑥ 水圧による横荷重や圧縮荷重により座屈（横倒れ）を生じないこと
⑦ 火災に対して急激な燃焼や有毒ガスを生じないこと
ゴムガスケットの設計圧縮量は次式で求める.

設計圧縮量＝初期変形量－永久変位量－ばらつき量－外力作用時の変形量

初期変形量：水圧接合による圧縮量
永久変位量：約100年間の経年劣化（高さの15%程度）
ばらつき量：端部鋼殻の不陸量や温度変化による施工関係での変動量
外力作用時の変形量：地震などの完成後の外力による変形量

ゴムガスケットの圧縮荷重 P と圧縮量 δ との関係は,図6.13に示すように指数的な関係になっており,荷重が大きくなるにつれ圧縮量は小さくなる.水圧接合時には水深にもよるが数100 kN/mの荷重を受け,相当量圧縮された状態である.

$$P = \alpha \delta^{\beta} \quad (6.28)$$

ここで,α：係数,δ：圧縮量,β：係数である.

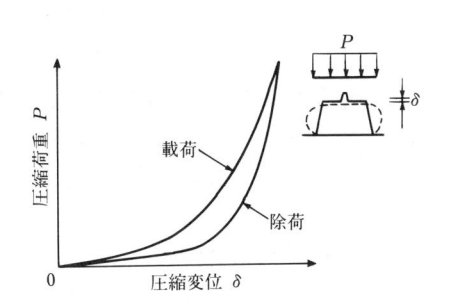

図 6.13 ゴムガスケットの荷重変位の関係

この曲線の勾配が,ゴムガスケットのばね定数となる.設計では,水圧接合時の圧縮荷重 P_0,圧縮量 δ_0,地震時の最大荷重 $P_{\max}$,圧縮量 $\delta_{\max}$ より次式で計算される.耐震設計の用いられる接合部のばね定数はこの値を使用する.

$$K = \frac{P_{\max} - P_0}{\delta_{\max} - \delta_0} \quad (6.29)$$

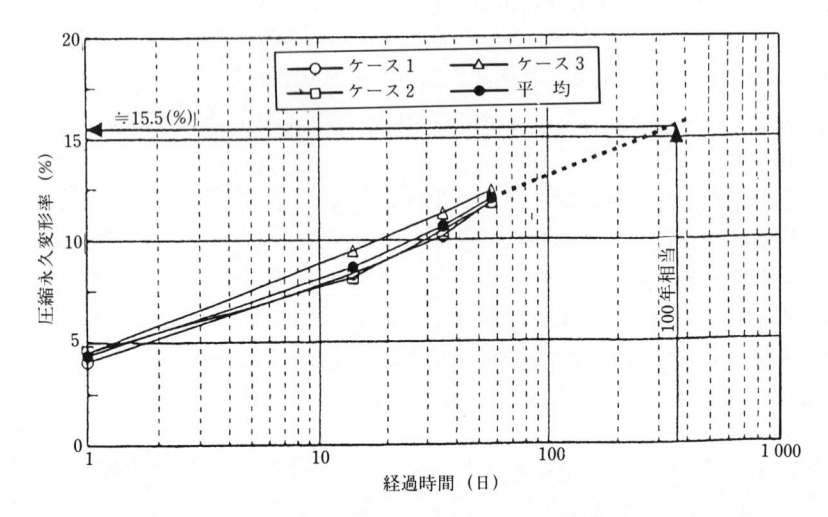

図 6.14 改良ジーナ型（硬度 50）の永久圧縮変形率の経日変化

ゴムガスケットは高ひずみを受けた状態で海水中に長期間静置されるので，圧縮ひずみの増加（クリープ現象）と耐久性の議論がよくなされる．水中で暗所に置かれるので劣化の進行は遅いと予想できるが，ゴム材料が 100 年程度まで材質に変化がないと保証されている実績はない．

そこで，劣化促進試験によりゴムガスケットの推定寿命とひずみの進行を予測した．劣化促進試験は，高温になると劣化が促進される，という現象をアレニウスの理論により行うもので，この試験から得られた推定寿命とひずみの促進予測を図 6.14 に示す．この試験結果からは 100 年の使用にも十分耐えられるとの結果がでている．

(2) PC ケーブルの設計

PC ケーブルは，水圧接合後に設置され，わずかな初期荷重の下で引張られた状態である．隣接された沈埋函内に納められた PC ケーブルは，カプラーと呼ばれる自在継手で相互に連結され，他端は沈埋函コンクリートに定着される．継手に軸引張力 N が作用したとき PC ケーブルで抵抗する．PC ケーブルの必要本数 n は，1 本当たりの降伏引張降伏荷重を F_y とすると $n = N/F_y$ である．PC ケーブルはほぼ等間隔で函体全周に配置されるので，PC ケーブルの必要長さ l は，ゴムガスケット引張力を受け変形量が止水に必要な許容変位量内 δ_a にすることによ

り設定される.

$$l = \frac{E_p n A_p \delta_a}{N} \tag{6.30}$$

ここで，E_p は PC ケーブルのヤング率，n は PC ケーブルの本数，A_p は PC ケーブルの断面積，δ_a は許容変位量，N は軸引張力である.

また，PC ケーブルの弾性域でのばね定数 K_p は次式で得られる.

$$K_p = \frac{E_p n A_p}{l} \tag{6.31}$$

厳密には，ゴムガスケットが静水圧で圧縮状態になったときの PC ケーブルが引張られるので，力の釣合いを考えて，軸方向と曲げに関するばね定数を計算する．詳細については参考文献に記されている.

(3) 二次止水ゴムガスケット

柔継手の止水性を向上させ最終的な安全性を確保するため，二次止水ゴムガスケットが取り付けられる．二次止水ゴムガスケットは，万一，PC ケーブルやゴムガスケットが破損，大変形を生じて漏水を生じたとしても，この漏水を止める役割をしている．外力には抵抗しないが周囲の水圧には十分耐えられる強度を保持し，大変形にも追随する構造となっている．大変形に追随するため形状は，Ω形あるいは W 形をしている．ゴム材のなかには補強繊維が織り込まれ強度を増加している.

6.6.5 最終継手

沈埋函の沈設を繰り返し行うと最後に沈埋函間に隙間が生じる．この隙間を結合する箇所が最終継手となる．最終継手は，ドライ工事や水中コンクリートで結合する方式が採用されてきたが，大水深での工事や現場工事の省力化などの要因で新しい工法が提案されてきている．ターミナルブロック工法，V ブロック工法などがある．これらの工法の概略を図 6.15 に示す.

ターミナルブロック工法は，立坑あるいは沈埋函にブロックを内蔵し，最終函が沈設後，油圧ジャッキにて押し出し相手側に水圧圧着させる工法である．水中作業がほとんど不必要となる．最終の隙間はスライドさせる量で調整できる.

V ブロック工法は，V 形のブロックを水圧により 2 つの隣接した沈埋函間に押し込む工法である．原理は，静水圧により上方より栓をすることである．また V ブロックの長さを沈埋函の長さにまで長くして，最終沈設函を最終継手とするキーエレメント方式も実用化されようとしている（那覇港沈埋トンネル）.

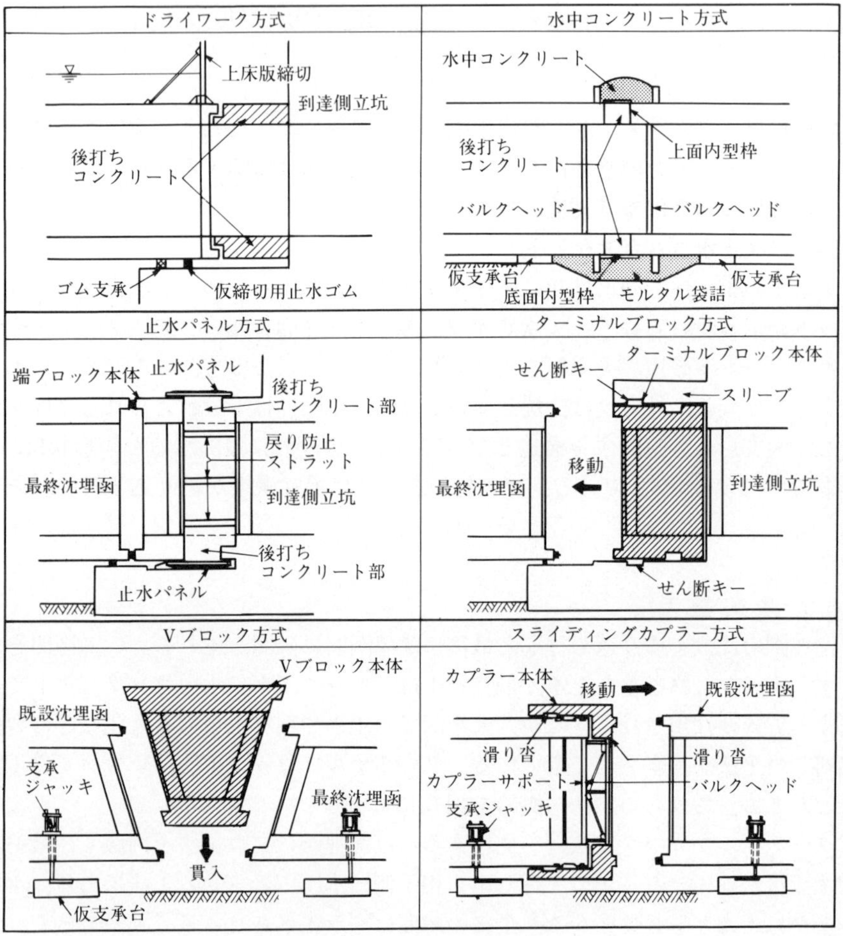

図 6.15 最終継手の種類

6.7 防水と防食の設計

6.7.1 防水の設計

　沈埋トンネルの漏水は，他の種類のトンネルと比較して非常に小さい．これはコンクリート打設が陸上で行われるので，品質管理が非常によいからである．地震のないヨーロッパでは，完成後のコンクリートのひび割れの発生が少なく，防水工を施さない場合が多い．日本では，地震や不等沈下によるひび割れの発生による漏水を防ぐ目的で，防水工が施されるのが普通である．

　防水工として，鋼板を沈埋函周囲に配置する，ゴムマットなど貼り付ける，プレストレストを導入してひび割れを防止する，などがある．このような対策で，地震時にコンクリートにひび割れが生じても大規模な漏水にならないように対策してある．

　このように沈埋トンネルの防水性は高いが，鋼板での溶接部の欠陥，防水膜でのピンホールなど材料，施工時の欠陥による漏水が生じる場合もあるので注意が必要である．また，コンクリート打設時の温度ひび割れや乾燥収縮によるコンクリート部材の貫通ひび割れの発生もあるが，ひび割れ幅の大きいものに対してはエポキシ樹脂注入などによる補修により漏水を防止する．ひび割れ幅の小さいものは，自癒効果によりひび割れに目詰りが生じることが知られている．漏水の対象となるひび割れ幅はおおよそ $0.2 \sim 0.3\,\mathrm{mm}$ 以上である．

6.7.2 防食の設計

　防水用あるいは合成構造として鋼板が周囲の海水に接して存在する．鋼板は海水中では腐食の進行は小さいものの，$0.03\,\mathrm{mm}/$年程度の腐食が進行する．また，孔食により局部的に腐食が進行すると漏水が生じる可能性がある．このため，一般的には電気防食による腐食対策を行う．アルミ電極を鋼板に溶接にて取り付ける．この状況を図 6.16 に示す．電気防食を行うと鋼材の電位は卑（低電位）となり腐食が抑制される．この電位はおおよそ $-770\,\mathrm{mV}$ である．この電位に対する単位面積当たりの電流を防食電流密度というが，海底土中では沈埋函の側壁で $30\,\mathrm{mA/m^2}$ 程度で，コンクリートに接している上床版や下床版では $15\,\mathrm{mA/m^2}$ 程度である．ただし，沈埋函の仮置き期間中は別途防食を考慮する．

表6.7 アルミ

	基準類	
	港湾施設の技術上の基準・同解説	大阪港咲洲トンネル
沈埋函の構造		合成構造方式
防食設計年数		100 年
防食電位	$-770\,\mathrm{mV}$	$-770\,\mathrm{mV}$
防食電流密度	・鋼材(裸面) 　海水中　　100 mA/m² 　石積中　　 50 mA/m² 　海底土中　 20 mA/m² 　陸上中　　 10 mA/m² ・再覆装(海水中) 　塗装 　　　$20+100S$ mA/m² 　コンクリート 　　　$10+100S$ mA/m² 　有機ライニング 　　　$100S$ mA/m² S：損傷率 $S = \dfrac{\text{被覆の損傷面積}}{\text{全防食被覆面積}}$	海水中 　130 mA/m² 函体上面 　15 mA/m² 函体側面(砂岩ズリ) 　30 mA/m² 函体底面(モルタル) 　15 mA/m²
有効電気量(アルミニウム合金陽極)	海水中 　2.6 A·hr/g(電流効率 90%) 海底土中 　1.86 A·hr/g(電流効率 90%)	海水中 　2.0 A·hr/g 海底土中 　1.8 A·hr/g
有効電圧(初期電位差)	0.25 V(アルミニウム合金陽極)	0.25 V
抵抗率	規定なし　通常 30 Ω·cm 　　　　　海土中は規定なし	海水　35 Ω·cm 　(仮置期間中) 海土　150 Ω·cm
平均発生電流比率	規定なし　 5 年防食の場合 0.55 　　　　　10 年防食の場合 0.52 　　　　　15 年防食の場合 0.50	0.50

陽 極 の 設 計

既設沈埋トンネルの事例		
新潟みなとトンネル	神戸港港島トンネル	新・衣浦海底トンネル
鉄筋コンクリート方式	合成構造方式	合成構造方式
50 年	100 年	100 年
$-800\,\mathrm{mV}$		
函体側面（海土） 　$20\,\mathrm{mA/m^2}$ 函体底面（コンクリート） 　$10\,\mathrm{mA/m^2}$	海水中 　$130\,\mathrm{mA/m^2}$ 函体上面 　$15\,\mathrm{mA/m^2}$ 函体側面（海底土） 　$30\,\mathrm{mA/m^2}$ 函体底面（コンクリート） 　$15\,\mathrm{mA/m^2}$	海水中 　$120\,\mathrm{mA/m^2}$ 函体上面 　$10\,\mathrm{mA/m^2}$ 函体側面（砂岩ズリ） 　$20\,\mathrm{mA/m^2}$ 函体底面（コンクリート） 　$10\,\mathrm{mA/m^2}$
海底土中 　$1.8\,\mathrm{A\cdot hr/g}$	海底土中 　$1.8\,\mathrm{A\cdot hr/g}$	海底土中 　$1.8\,\mathrm{A\cdot hr/g}$
$0.2\,\mathrm{V}$	$0.25\,\mathrm{V}$	$0.25\,\mathrm{V}$
海水　$30\,\Omega\cdot\mathrm{cm}$ 海土　$150\sim300\,\Omega\cdot\mathrm{cm}$	海水　$35\,\Omega\cdot\mathrm{cm}$ 海土　$150\,\Omega\cdot\mathrm{cm}$	海土　$150\,\Omega\cdot\mathrm{cm}$
0.50	0.50	0.50

(a) 配置図

(b) アルミニウム合金陽極の配置例

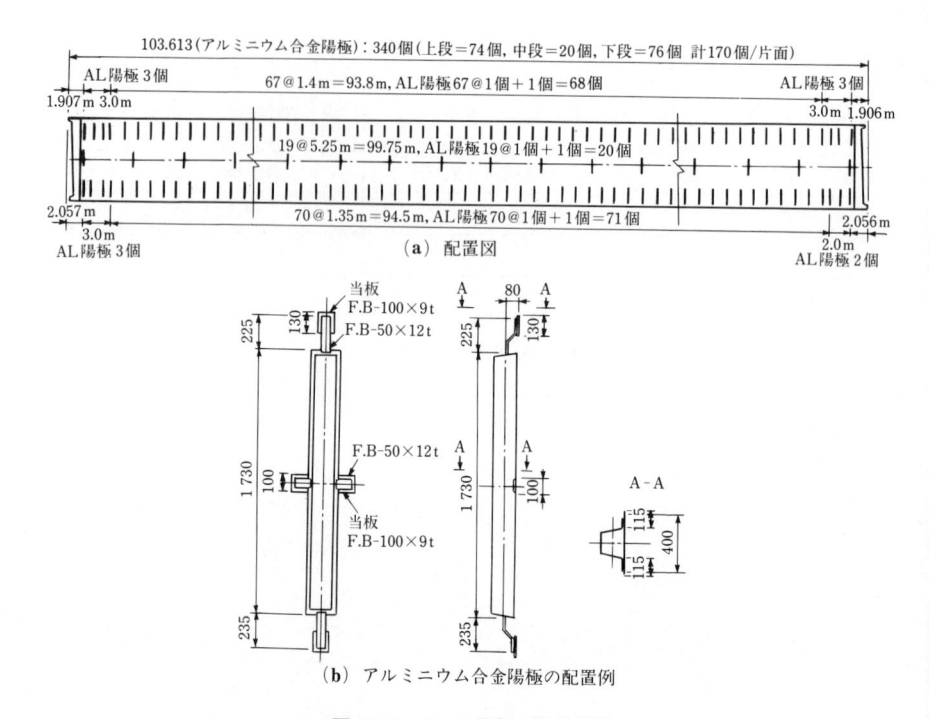

図 **6.16** アルミ陽極と取付状況

防食に必要な防食電流 [A] は次式で求める．

$$\text{所要防食電流} = \text{防食面積（鋼材の表面積）} \times \text{（初期）防食電流密度}$$

防食面積に対して必要な陽極の個数は次式で求める．

$$\text{陽極個数} = \frac{\text{所要防食電流}}{\text{陽極1個当たりの陽極の発生電流}}$$

一般的に沈埋函では100年の防食期間を想定している．毎年のアルミ陽極の消費量が3.37 kg/A/年（電流効率90%）程度なので，アルミ陽極の初期の重量が設定される．表6.7にアルミ陽極の仕様事例を示す．

6.8 耐火設計

6.8.1 耐火設計の現状
(1) 火災例と被害

臨海部での交通の増大に対応するため道路や鉄道の建設が進められているが，航路，河川，運河を横切る施設として沈埋トンネルが国内外に多数建設および計画されている．沈埋トンネルは，自動車，列車などが通行するための利用に対する安全性の確保が必要であり，特にトンネル火災に関する対応は，重要な項目である．最近発生したフランスのモンブラン・トンネル（山岳トンネル：1999年3月）ならびにオーストリアのタウエルン・トンネル（山岳トンネル：1999年5月）の火災では，ともに多くの死傷者を出した．ユーロ・トンネルの列車火災事故では，トンネル内部の最高温度が1100℃に達したと予想され，鉄筋コンクリート部分は46 mの範囲で30～35 cmの深さまでコンクリートが破壊していた，と報じられている．また，大火災後のトンネル覆工体の復旧には5か月以上の長期間を要するということである．EUでは，火災に対するトンネルの安全基準の再検討が行われようとしている．一方，日本では，トンネルでの火災対策は日本坂トンネルなどの火災事故などから技術者の関心事になってきた．現在，火災対策として消火栓の設置，監視機器，避難路などが規定されている．しかし海底下に位置する沈埋トンネルが，火災を受け構造体に被害を受けると周囲からの土圧，水圧に耐えられず，トンネル内部への浸水の可能性がある．このため従来，大規模な火災の原因となる危険物を積載している車両は，通行が制限されている．

(2) 危険物車両に対する現状

沈埋トンネルに危険物車両を通過させるかしないかの判断は，迂回路の存在と想定する火災規模（温度，時間，火災曲線など）による．火災規模は，通行車両の種類，トンネルの重要度，周辺環境，防災設備などを考慮して設定される．この検討手順を図6.17に示す．

臨港道路として建設される沈埋トンネルは，港湾施設からの物資を速やかに供給する経路として有益な役割を有している．燃料やエネルギーを海外に依存するわが国では，今後の社会環境や道路整備事情を考慮した場合，危険物車両の通行を全面的に禁止することは経済活動を制約させる．また，迂回路での火災事故が，トンネル内のそれに比較して大きな被害を社会にもたらす場合もある．このような場合，危険物車両の耐火対策を施したうえで通行または制限付き通行を許可す

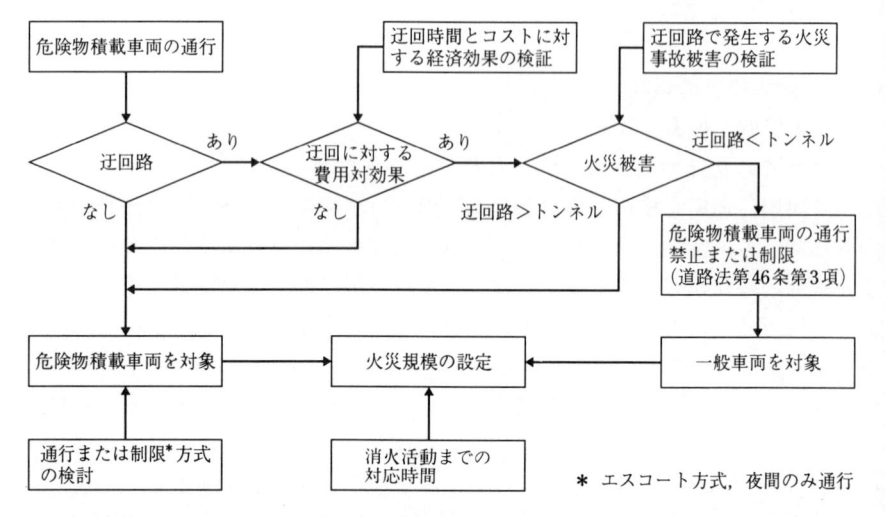

図 6.17 災害規模の設定検討フロー

ることが適当と考えられる．ここで，迂回路で発生する火災事故の被害は，以下に示すような事項の調査を行うことで評価することができる．

① 危険物積載車両の対面通行が可能な道路幅員を十分有している迂回路が確保できる．
② 迂回路近隣に消防署が存在する．
③ 歩道を有し歩行者の安全が確保されている．
④ 迂回路に面している建築物が耐火性能に優れた材質を使用している（コンクリート構造建築物）．
⑤ 迂回路において過去発生した事故による車両火災件数が極めて少ない．

迂回路が確保できない場合，特に沖合人工島で橋梁など他のアクセス施設が十分でない場合には，沈埋トンネルでの危険物積載車両の通行をエスコート方式などで検討する必要がある．

表 6.8 に，各国の危険物積載車両の取扱いについて示す．ヨーロッパでは河川や運河のアクセスとしてトンネルが多数建設されており，危険物積載車両の通行を全面的に禁止することは不可能である．表に示すように各国で対応は異なるが，制限を付けたうえで通行を許可している．オランダでは，トンネルの火災に対する水準を整理したうえで，カテゴリーを 3 つに分類して通行を許可している．

表 6.8 各国の危険物積載車両の取扱い

国 名	危険物積載車両の規制内容
オランダ	道路トンネルでは輸送を許可している危険物を3つに分類 ・開削トンネルは規制がなく，すべての危険物の通行を許可 ・カテゴリーⅠ：1気圧以上で起爆する爆発物の輸送を禁止 ・カテゴリーⅡ：危険度が比較的低い物質のみを許可
ドイツ	「RABT（道路トンネル内の施設と交通に関する規制）」で国内の全道路トンネルに対する危険物輸送に関して規制あり
フランス	国道トンネルは原則的に危険物の輸送を禁止 国道トンネル以外は基本的に危険物の輸送を許可
イギリス	全道路トンネルを対象とした規制はなく，トンネルごとに規制あり
アメリカ	州の法令で1トンネルのみ危険物の輸送に関する規制あり 郡や自治体の条例での規制あり
日 本	道路法（第46条第3項）により危険物の輸送を禁止または制限

以上述べた火災に対する土木と関連した主要な課題として以下の項目をあげることができる．
① 火災原因の特定と火災規模の設定
② 火炎の発生量と予測手法
③ 火災時の排煙と換気のシステム
④ 鋼，コンクリート，ゴム材などの熱特性と熱損傷
⑤ 換気ファンなどの機器類の防火対策
⑥ 断熱材の開発と施工法など

6.8.2 車両火災の設定

沈埋函体の設計において，終局限界状態を招く荷重の一つに火災時の温度荷重があげられるが，この荷重は，現在のところ沈埋函自体の構造部材設計には反映されていない．しかし，その破壊に対する被害規模は地震時荷重に匹敵すると考えられる．このような状況から，トンネルの安全性向上のためには耐火対策が必要である．

(1) 沈埋トンネル構成材料の高温時の挙動

沈埋トンネルの構成構造体である沈埋函の構造形式には，鉄筋コンクリート，鋼殻および合成（オープンサンドイッチ，フルサンドイッチ）構造の3種類があり，沈埋トンネル構造を構成している部材には，コンクリート，鋼材（鋼板，鉄筋，PCケーブルなど）およびゴム材などがある．これらの部材はゴム材を除き

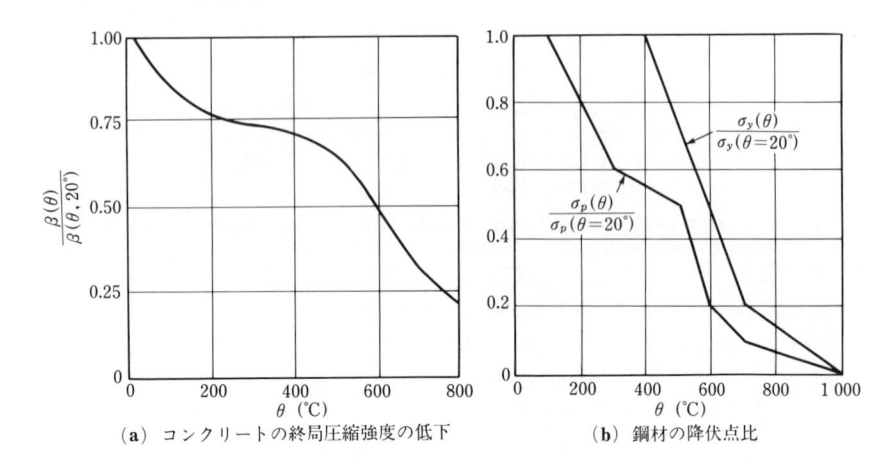

(a) コンクリートの終局圧縮強度の低下

(b) 鋼材の降伏点比

図 6.18 温度による材料の強度変化

表 6.9 部材の使用限界温度

部材名	一般的な使用部位	使用限界温度（°C）
コンクリート	本体部，接合部	250〜380
鋼　材	本体部，接合部	250〜350
ゴ　ム	接合部	70〜100

不燃物ではある．しかし図 6.18 に示すように高温になると，これら材料の強度は大幅に低下する．概ね表 6.9 に示す温度で強度や弾性係数の低下ならびに劣化が生じると考え，火災時での使用温度の下限値が設定されている．

代表的なトンネル火災事故時の内部温度の推定値は，1 000°C を超える場合がある．この火災温度は，沈埋トンネル構造部材の使用限界温度をはるかに超えている．沈埋トンネル内部で火災が発生した場合，各々の構造形式が火災時にどのような破壊形態を辿るかはよくわかっていない．しかしながら，合成構造部材では道路面に鋼板が存在し，かつ柔構造の接合部では，ゴム製の止水材と PC ケーブルが使用されている．これらの材料は車両火災の温度に対して対策がなければ被害を当然受ける．特にゴムガスケット材は火災で被害を受けても交換が困難である．また，止水性が確保できないと甚大な被害を及ぼすことが予想される．

(2) 火災時の発生温度と継続時間の設定

火災温度は，道路トンネルを通行する車両の燃料，積載する品目および数量に依存する．車両が大型化するに従い最高温度は上昇し継続時間は長くなる．しか

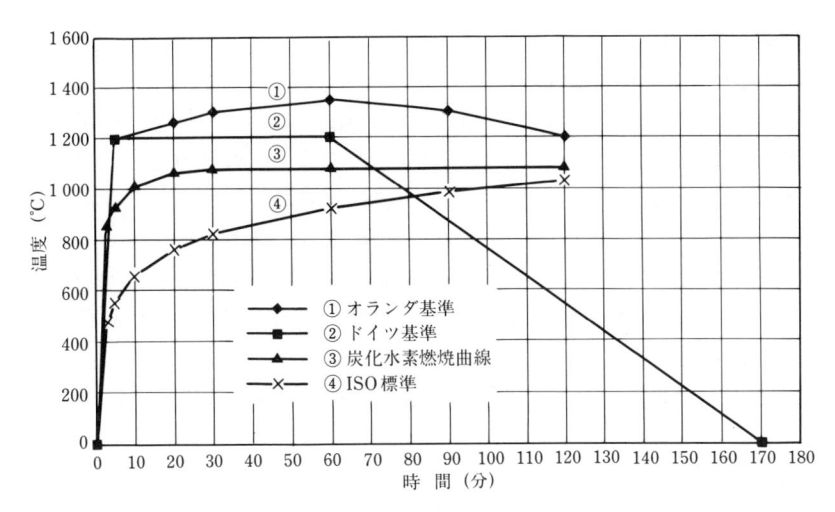

図 6.19 代表的な温度曲線

し，可燃物を積載していたり他の車に次々と延焼した場合には，最高温度はより高く継続時間も長くなると考えられる．またトンネル内を送風すると，さらに高温になる可能性がある．このような背景を考慮したうえで，代表的な火災温度曲線を図 6.19 に示す．道路トンネルに関してはオランダとドイツが基準を制定している．オランダの基準が，他の基準より高温を与え最高温度は 1350°C に達している．最高温度に達する時間も比較的早い時間であり，熱衝撃的な現象である．しかしながら，日本のトンネルでは危険物積載車両に関する火災温度の明確な基準は現在定められていない．

① オランダ基準：オランダ運輸公共事業省治水本局（RWS）の曲線で，閉鎖空間をモデル化した推定値である．タンクローリーからの揮発油による火災を想定している．オランダでは耐火被覆工を施した場合には，可燃物積載車両の通行制限は実施していない．
② ドイツ基準：ドイツにおける道路トンネルの設備と運用に関する指針で，RABT 曲線といわれている．
③ 炭化水素燃焼曲線：油火災を対象とした炭化水素曲線である．
④ ISO 標準：自然火災を対象としており，日本の JIS A 1304 の建築火災が類似している．温度上昇が緩やかでトンネル火災の現象と合わないと考える．

6.8.3 耐 火 工
(1) 耐火工に求められる性能
　耐火対策には耐火材を内部の壁に設置する方法と，消火，排煙，避難などソフトの対応がある．ここでは耐火材について言及する．耐火材の選定では，耐火性能，設置範囲，耐久性，施工性，経済性（維持管理費含む）などを考慮しなければならない．耐火工に要求される性能は以下のようである．

① 熱衝撃的な火災温度に対して構造部材の温度を限界値以内に抑える．
② 柔継手部の箇所は，変形に対してその機能に支障を及ぼさない材料の選定および設置方法をする．
③ 小石などの飛来物により破損，剥離を生じない強度を確保しているとともに，耐火工の落下で通行車両に不都合な現象を生じさせない．
④ 沈埋トンネルでは施工範囲が広く高所作業を有することから，作業性が良く，施工の速い耐火材を選定する．
⑤ 破損時の取替えを考慮し，容易に取替え可能な耐火材を選定する．市場性のある材料であること．
⑥ 臨港道路であるため，塩分を含む換気風ならびに自動車からの排煙に含まれる物質（NO_x，煤煙など）に対して耐久性を有する．
⑦ トンネル空間の減少を小さくする寸法，構造体である．

(2) 耐 火 材 料
　耐火材料には大きく分けてパネル工法と吹付け工法とがある．耐火材を施工する範囲は，前述の火災温度分布などを参考に設定される．天井部と側壁部の温度に大きな差が見られないことから，側壁部の上方にも耐火材を取り付ける．沈埋トンネルの各部位ごとでの耐火被覆の必要条件を整理したものを表 6.10 に示す．特に，柔継手構造を有している接合部については，可撓構造を接合部耐火構造に装備し，縦断方向の変形を考慮した構造にする必要がある．可撓部の耐火構造に

表 6.10　各部位ごとの耐火被覆の必要条件

部 位		必 要 条 件
一般部	天井部	大型車両通行時の圧力などに対して脱落しないこと
	側壁部（上部）	車両衝突や小石などの飛来物に対して損傷はしても飛散しないこと
接 合 部		継手部の伸縮に追従できる可撓性能を有すること

ついては，火災時の炎が可撓部より進入しない耐火被覆構造とし，材料の選定に注意することが重要である．鋼板が道路側に位置するサンドイッチ構造では，耐火被覆は必須条件となっている．

6.9 仮設構造および艤装設備の設計

6.9.1 仮隔壁の設計
(1) 構造形式
　沈埋函の両端部には，曳航，沈設のために仮隔壁（これをバルクヘッドと称する）を設ける必要がある．バルクヘッドの構造は施工中の水圧に耐えるもので，重量が小さく，かつ撤去が容易なものが望ましい．このため構造形式としては，止水プレート，桁，補剛リブからなる鋼製のものが大半であるが，鉄筋コンクリート構造のものや，鉄筋コンクリート版と支持鋼桁によるものも少数例ある．海外ではこの形式が多い．これらの形式選定には，止水性，経済性，施工性等を考慮して定める．

(2) 構造設計
　バルクヘッドの設計に考慮する荷重は，沈設して着底したときの水圧である．バルクヘッドは沈埋函相互の接合が終了するまでに必要な仮設構造ではあるが，この水圧に十分安全であるように設計しなければならない．
　鋼製バルクヘッドの場合，設計方法は一般の鋼桁構造と同様に行えばよいが，止水プレートには版としての応力と桁のフランジとしての応力とが作用するので，これらの合成応力について照査する必要がある．鋼材の許容応力度は施工時の割増しを考慮しているが，一般の仮設部材の割増し率よりも低減し，安全度を高くしている．
　バルクヘッドを支持する構造部分についても，水圧に対する反力を確実に支持できるように設計しなければならない．特に主桁支持部のアンカーの構造，止水プレート周囲と本体構造との取付け方法には十分注意を払う必要がある．鋼製バルクヘッドの構造の一例を図6.20に示す．

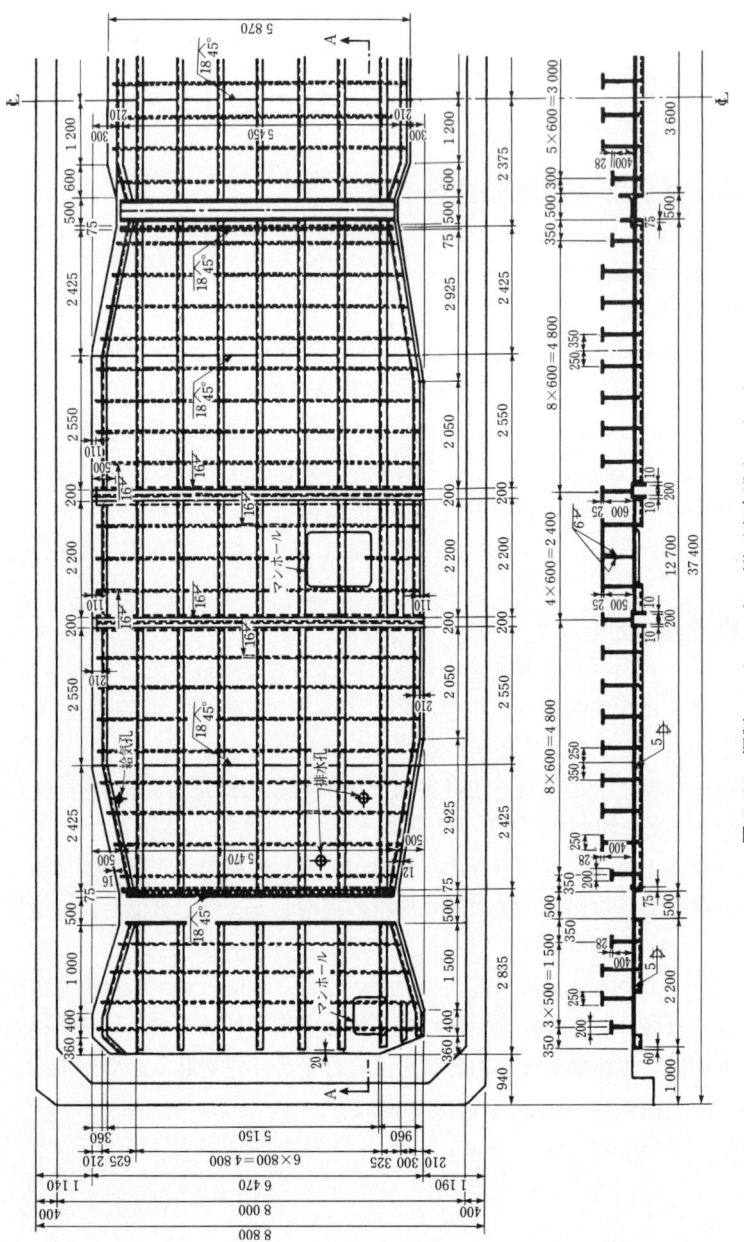

図 6.20 鋼製バルクヘッドの例（東京港トンネル）

6.9.2 艤装設備の設計

沈埋函は曳航・沈設に先だってこれらの作業に必要な諸設備を設置する．これを艤装設備と呼ぶ．艤装設備は沈埋函を仮置き場へ曳航するために沈埋函製作場所で取り付けられる一次艤装設備と，沈設および接合に必要な艤装品を仮置き場で取り付ける二次艤装設備に分けられる．

一次艤装設備には，沈埋函外部に取り付ける曳航・沈設用の吊り金具，ボラード，端面探査装置，アクセスシャフト，ゴムガスケット防護カバーなど，函内に設置される水バラストタンク，函底コンクリート注入管，函内換気設備・電気設備などがある．二次艤装設備には，動力設備，照明設備，排水ポンプ，支承ジャッキ，連結ジャッキ，沈設用ポンツーンまたは双胴型バージ，測量タワーなどがある．

これらの各種艤装設備は想定される施工条件のもとでの作用荷重に対して設備本体および沈埋函への取付部が設計される．設計作用荷重は，沈埋函の動揺などで生ずる荷重の片効きによる割増しを考慮して適切に設定する必要がある．沈埋函に設置する艤装設備の事例を図 6.21 に示す．

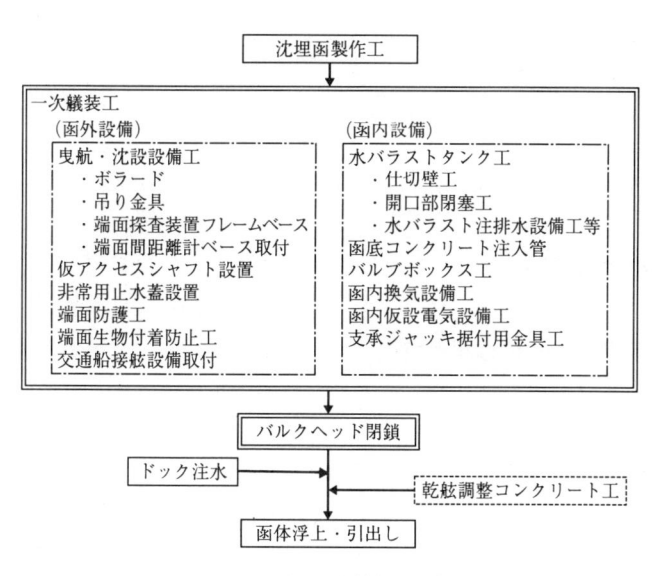

図 6.21 (a)　一次艤装工の事例

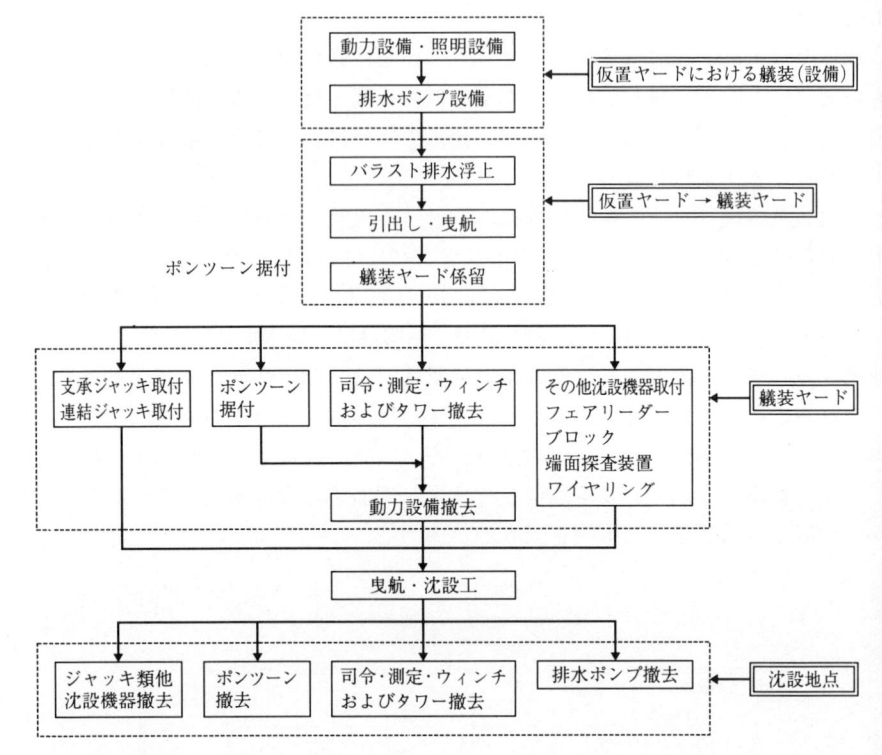

図 6.21 (b) 沈設用に必要な二次艤装の施工フローの例（タワーポンツーン方式）

6.10 基礎の設計

6.10.1 基礎構造形式の種類と特徴

沈埋トンネルは完成した状態では，見かけの重量は浮力よりもやや重い程度であり，埋戻し上載土砂を含めて浮上り安全率が $F = 1.25$ 程度，地盤反力にして $q = 30\,\text{kN/m}^2$ 程度で，特別な基礎を必要としないところに特徴がある．しかしこれは沈埋函が全く均等に地盤に支持され，地盤沈下もない場合のことであり，実際は基礎の不均一さや沈下対策を考慮して，種々の基礎形式，工法が考案され実施されている．

基礎形式を大別すると，①独立支持形式，②連続支持形式に分類される．①は水中橋台，橋脚，または独立した杭によって函体を支持し，反力をこれらの位置に集中させるもの，②は基礎地盤と函体を密着させて直接基礎形式とするもので

ある．

　独立支持形式の基礎は，沈埋函を桁とした一種の水中橋梁とみなすことができる．わが国の例では安治川河底トンネル，羽田海底トンネルなどがあり，沈埋函1基の両端を支持した水中橋台方式の代表例である．水中橋脚方式の例にはアイ・トンネル（オランダ）があり，杭支持された支持台に沈埋函を載せたものである．また，一本一本の独立した杭を分散配置し，これに函体を支持させた例としてロッテルダムメトロ・トンネル（オランダ）がある．この方式は，個々の杭が函体に密着するように杭頭部が可動するようになっている．

　連続支持形式には，直接基礎を造成する方法によって，スクリード方式，砂吹込み工法，モルタル注入工法，水中コンクリート工法などがある．

6.10.2　基礎の設計方法

(1) 独立支持形式

　この形式では，橋梁における橋台または杭基礎橋脚と同様の設計を行えばよい．ただ各支承部分と沈埋函との接触が均等でなければならないので，支承部の細部構造の設計に注意を払う必要がある．その際基礎の鉛直ばね定数が荷重分担を支配するので，各位置における地質状況，杭長の変化などをできるだけ正確に把握することが望ましい．

　杭基礎などの独立支持形式の基礎は，地盤沈下対策として採用されるケースが多い．沈埋トンネル全区間にわたって地盤沈下が生じ，函体に悪影響を及ぼす場合は全区間を杭基礎とせざるを得ないが，局部的な区間のみ沈下が予想される場合は，部分的な区間だけを杭基礎とすることがある．多摩川，川崎航路トンネル（首都高速道路公団）の事例では，埋立荷重および埋戻し土による圧密沈下の影響と，護岸部の上載荷重に対して，沈埋区間の影響範囲に杭基礎を採用している．沈埋函の端部は立坑に支持する構造で，立坑は杭基礎で良好な地盤に支持されている．一方，沈埋トンネル側は，軟弱な沖積地盤を基礎地盤としている．このため沈埋函の上載荷重の分布に応じて，立坑部から杭区間の端部まで鉛直方向支持剛性をなめらかに変化させて沈埋函の応力低減をはかっている．杭基礎部の鉛直支持剛性を徐々に変化させるために，杭頭部にゴムをクッション材とした特殊杭頭キャップを採用している．

(2) 連続支持形式

　連続支持形式の基礎を採用するのは，一般に上述のような地盤沈下のない安定な地盤の場合であり，設計上特別の問題はない．

ただ，スクリード方式基礎では敷き均した砕石上に直接沈埋函が設置されるので，敷均しの不陸の影響を支持地盤のばね定数のばらつきに置き換えるなどして沈埋函の設計を行うことが望ましい．

仮支持方式の場合，仮支持台を直接基礎にできる場合は問題ないが，杭支持とする必要があるときには，完成後に直接基礎となる沈埋函に悪影響がないように，摩擦杭を採用するのがよい．また仮支持方式においても，底面の空隙に完全に基礎材が充填されない場合を想定したり，掘削にともなう基礎地盤のリバウンドの影響と，これに対する上げ越し量との関係などを考慮して，沈埋函本体および継手部の設計を行うのが望ましい．

6.11 トレンチおよび埋戻しの設計

沈埋トンネルの埋設部分であるトレンチは，埋戻しの施工が行われるまで十分な安定が確保されなければならない．トレンチの法面の安定は，円弧滑りに対して安定であるように設計される．法勾配は土質条件にもよるが，粘性土，シルト，細砂の海底地盤で通常 1：1.5〜1：3 程度の勾配で計画される．潮流または河川の流れによる堆積が考えられる場合は，その影響も考慮して決定する必要がある．調査試験工事を事前に行い，安定を確認したうえで法勾配を決定するのがよい．

トレンチ底面の位置は，仮支持方式基礎の場合，函底に投入する基礎砕石と注入基礎材を考慮して函底より 1.0〜1.5 m 低くなる．スクリード方式基礎の場合は，基礎材の敷設厚さの 0.5 m 程度低くて済む．トレンチの幅は通常，沈埋函の側面から 3 m 前後の施工余裕をみて決められる．

埋戻しは，沈埋函を水底地盤中に安定させ，沈埋函を防護する目的で行われる．埋戻し材料は地震時に液状化しないものでなければならない．また水流によって洗掘されず，船舶の投錨および走錨によって沈埋函が損傷しないように防護しなければならない．一方，埋戻し材によって沈埋函に作用する土圧を軽減でき，安価な材料による工費節減が図れることも考慮する必要がある．これらの目的を達するため，埋戻し材は通常次のように区分される（図 6.22 参照）．

① 函底側部砕石（函底基礎材注入時のストッパ）
② 側部埋戻し（沈埋函安定のための埋戻し：砂岩，砂岩ズリなど）
③ 頂部埋戻し（沈埋函防護のための頂部被覆材：砂岩，採石，雑石など）
④ 側方上部埋戻し（沈埋函の安定に直接影響しない埋戻し：砂，シルト，粘土，

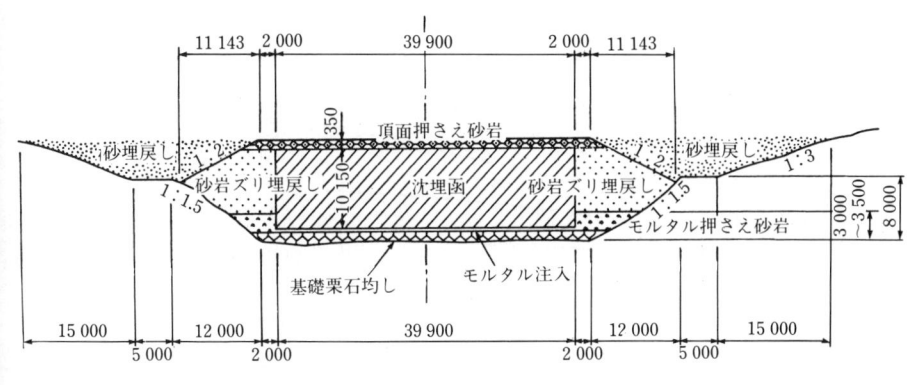

図 6.22 埋戻し断面（多摩川トンネル）

砂岩ズリなど）
　埋戻し材には砕石，砂利，砂岩ズリ，砂などが使用されるが，上記の部位別に材料を選定するのがよい．

6.12 投走錨と沈船に対する設計

　沈埋函上部は 1.5〜2.0 m の埋戻し層と保護コンクリート（15 cm 程度）あるいは防護鋼板（10 mm 程度）があり，船舶の投走錨や沈船から保護されている．投走錨や沈船の発生確率は非常に小さく，通常の設計では特に検討しておらず，過去の例を参考に土かぶり厚や保護コンクリートの厚さを設定している．投錨に対する設計の概念を図 6.23 に示す．投錨に関しては，沈埋トンネルの上を航行する船舶の大きさ（排水量）と関係する．排水量と錨の重量とは相関があり，投錨によりおおよそどの程度海底地盤に貫入されるのかが推定できる．砂質地盤であれば数十 cm の貫入量である．この貫入量以上土かぶり厚さがあれば，錨が沈埋函に直接到着することはない．また投錨により衝撃的な荷重が沈埋函に作用するが，衝突加速度に錨の質量を乗じた荷重に対して，土の中の荷重分散を考慮（30〜45度）し分布荷重として沈埋函上床版に作用させ，耐荷力などの安全性を確認する．保護コンクリートの厚さも投錨により沈埋函が破壊されない厚さを想定して設定されている．

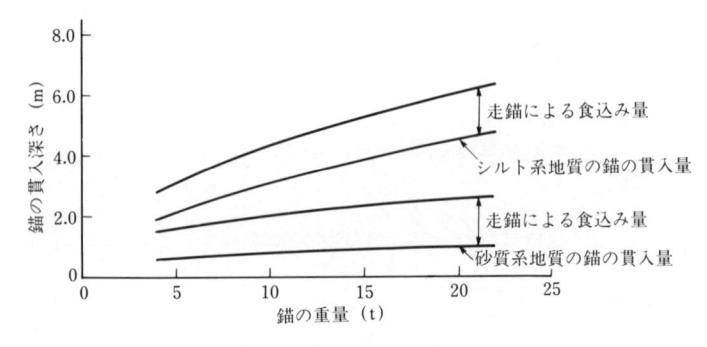

図 **6.23** 投走錨に対する錨の貫入深さ

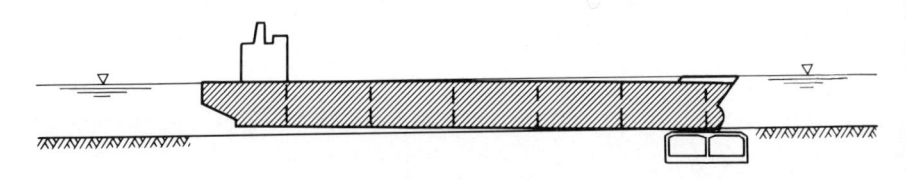

図 **6.24** 沈船への配慮

　走錨に関しては沈埋函隅角部を斜めにしたり，砕石の保護層を長くして対応している．一般的に軟弱地盤内に深く貫入した錨は，砂層，砕石層に到着すると上方に浮き上がってくるので，沈埋函本体に直接接する可能性は少ない．また，錨が沈埋函に引っかかっても，鎖が破断する荷重の方が沈埋函を移動させたり局所的に破壊する荷重よりも数段小さい．

　沈船に関しては，日本では内部的検討のほかはほとんど検討されていない．ヨーロッパでは，船舶の通行量の多い河川や運河に沈埋トンネルが建設される事例が多いことから，沈船に対する検討が行われている．ここでは図 6.24 に示すように船舶の重量を特定し，この荷重がトンネル上に作用するとして弾性支床上の梁としての検討と上床版の曲げ耐荷力の検討がなされている．

参考文献

1) 国土開発技術研究センター：トンネル耐震継手技術基準（案），pp.55–65, 1979
2) 日本埋立浚渫協会：沈埋トンネル工法と施工事例，1999
3) 清宮 理，矢島 貴：沈埋トンネル用ゴムガスケットの諸特性，港湾技研資料，No.871, 43 p, 1997.6
4) 清宮 理，他2名：沈埋トンネル柔継手部のゴムガスケット止水性評価，土木学会論

文集，No.567/VI-35, pp.91–102, 1997.6
5) 清宮 理，田邊 源吾：沈埋トンネル接合部のゴムガスケットの基本的な力学試験と有限要素法解析，港湾技研資料，No.798, 25 p, 1995.3
6) 清宮 理，他 3 名：沈埋トンネル柔継手の力学性状，港湾技研資料，No.728, 32 p, 1992.6
1) 日本鋼構造協会：鋼とコンクリートからなる合成柱の耐火性能計算，JSSC レポート，pp.118–125, No.18, 1991
2) 西田 義孝，他 2 名：沈埋トンネル接合部の止水ゴムの耐火特性について，第 52 回土木学会年次学術講演会，6 部門，pp.486–487, 1997.9
3) 飯田 博光，他 3 名：沈埋トンネル接合部の耐火被覆材の性能実験と数値解析，土木学会構造工学論文集，Vol.44A，pp.93–101，1998.3
4) Forschungsgesellschaft fur Strassen und Verkehrswesen : Richtlinien fur die Ausstattung und den Betrieb von Strassentunneln RABT, Ausgabe 1985
5) Studiengesellschaft Stahlanwendung e.V. : Fires in Transport Tunnels, Report on Full-Scale Tests, EUREKA-Project EU 499 : FIRETUN,November, 1995
6) 今 信明，他 3 名：沈埋トンネルに用いるケイ酸カルシュウム系耐火材の耐火性能試験，第 53 回土木学会年次学術講演会，6 部門，pp.520–521, 1998.9
7) 清宮 理，飯田 博光，滝本 孝哉：沈埋トンネル内の車両火災への対策の現状，トンネルと地下, pp.63–70, 2000.4
8) 運輸省第三港湾建設局：神戸港港島トンネル工事誌，pp.4-202-4-211, 1999.3
9) 中山 茂雄，清宮 理：投錨試験による錨の貫入量，港湾技研資料，No.215, 18 p, 1979
10) 日本トンネル技術協会：沈埋・浮きトンネル最新報告書，pp.87–97，1988.4
11) 清宮 理，藤沢 孝夫，輪湖 建雄：走錨中の錨の挙動と走錨抵抗力特性，港湾技術研究報告，Vol.19, No.2, pp.115–185, 1979.12

第7章 取付部の設計

7.1 立坑の設計

7.1.1 立坑の構造

　立坑は一般に沈埋トンネルの始終端にそれぞれ位置し，沈埋トンネルと陸上構造物との接続点となる構造物である．道路トンネルにおいては換気所の機能を併せもつものが多い．換気所が必要な場合は，立坑の地上部分を建築構造物とし，換気その他のトンネル諸施設が収納される．換気所にはトンネル本線から分離して設置する事例もあり（川崎港海底トンネル，神戸港港島トンネル），この場合は陸上トンネルの端部が沈埋トンネルとの接続点となる．道路以外の用途のトンネルの場合も，沈埋トンネル施工の起終点になる構造物として立坑を設置し，排水施設や電気関係の施設など，付帯諸施設を収納するスペースとして利用することがある．

　道路沈埋トンネルの工事費のなかで立坑および換気所の費用が占める比率はかなり高いため，トンネル延長にもよるが，立坑および換気所を設置しない（または片側のみに設置する）トンネルもある．この場合も陸上トンネル端部が沈埋トンネル施工の起終点としての構造物の役割を果たす．

7.1.2 立坑下部構造

　立坑下部の構造施工法には，開削工法，ニューマチックケーソン工法，鋼殻設置ケーソン工法などがあり，さらにこれらが直接基礎のほかに杭基礎で支持されたものもある．これらの設計方法は，橋梁下部工の大型基礎に類似しており，詳細は他書に譲ることとする．

　沈埋トンネルの立坑として設計上留意する点は，隣接する沈埋トンネルおよび陸上トンネルとの相互作用があることと，施工時の安定性照査が重要なことである．

　完成時の設計においては，沈埋トンネル側と陸上トンネル側からの荷重または抵抗力を，立坑の安定に不利になるように作用させて安定計算を行う．

施工時には，沈埋函を沈設するために立坑の前面を浚渫した状態が最も危険となり，この状態での立坑の安定性を照査する．

耐震設計では，立坑単体での設計のほか，沈埋トンネル全体系の解析で，立坑と沈埋トンネル，陸上トンネルとの相互作用が考慮されるため，概略の形状寸法と重量およびその分布を設計の早い段階で把握しておく必要がある．

7.1.3 換気所の設計

換気所は建築物として扱われ，建築基準法に沿って設計しなければならない．したがって詳細は他書に譲ることとする．換気所は大型建築物となることが多く，周辺環境との調和を考慮した景観設計が重要である．景観設計した換気所の事例を図 7.1 および図 7.2 に示す．

図 7.1 那覇港沈埋トンネル三重城側換気所

図 7.2 新潟みなとトンネル換気所全景（左岸側換気所）

7.2 陸上トンネルおよび擁壁の設計

7.2.1 構造形式とその選定

　沈埋トンネルの縦断線形は，一般には沈埋トンネル部の両端から陸上明かり部へ向かって浅くなっていき，トンネル構造から擁壁構造へと変化していく．一般には各位置の深さに応じて構造形式を開削トンネル，U形擁壁，L形または逆T形擁壁，重力式擁壁の順に変化させる．擁壁形式を採用する区間は，掘削深さが15m程度までが一般的であり，U形擁壁とL形または逆T形擁壁との分岐点は，底面位置が地下水位と同じ高さになる付近とするのが普通である．

　陸上トンネルには開削工法が一般に採用されるが，深度が特に深い場合や立地条件によってはケーソン工法も用いられる．U形擁壁の形式には，一般的なU形のほかにストラット付き，控え壁付き，底版張出し式などがある．これらの形式は設置深度や構造幅の大小によって選択される．

7.2.2 構造設計

　陸上トンネル部は通常開削工法となり，深度も深くなる場合が多いので，安全かつ経済的な仮設構造物の設計が重要である．構造計画上では，自重および上載土の重量と浮力のバランスをとった断面とし，前後の沈埋部および擁壁部との見かけの重量の差を小さくして，縦断方向に不等沈下が生じないように配慮する．

　擁壁部の構造設計で特に留意する点は，U形擁壁の浮き上がりに対する安定と，それを保つための合理的で経済的な構造形態の選定である．

　浮力に対する浮き上がり安全率は，一般に1.2程度の値で設計される例が多く，浮き上がり防止対策には，底版を厚くして重量付けする方法，底版を張り出してその上の土の重量に期待する方法，杭の引抜き抵抗で受け持たせるものなどがある．U形擁壁幅が広い場合には，浮力の押さえ方によっては底版に大きい断面力が生じるので，横断方向の荷重バランスが良い構造とする必要がある．また埋立地などで将来にわたり地盤沈下が予測される場合には，杭基礎の採用も必要になる．

　図7.3に取付部における構造区分の例を，図7.4に陸上トンネル，U形擁壁の構造例を示す．

116　第 7 章　取付部の設計

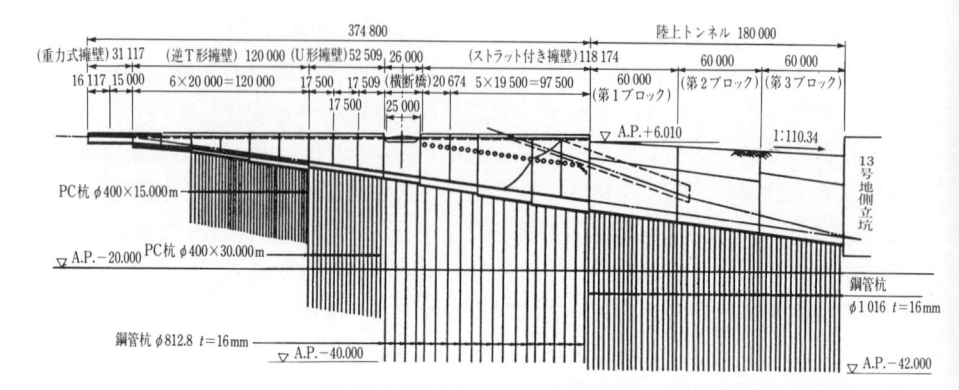

図 7.3　取付部の構造区分（東京港第 2 航路海底トンネル）

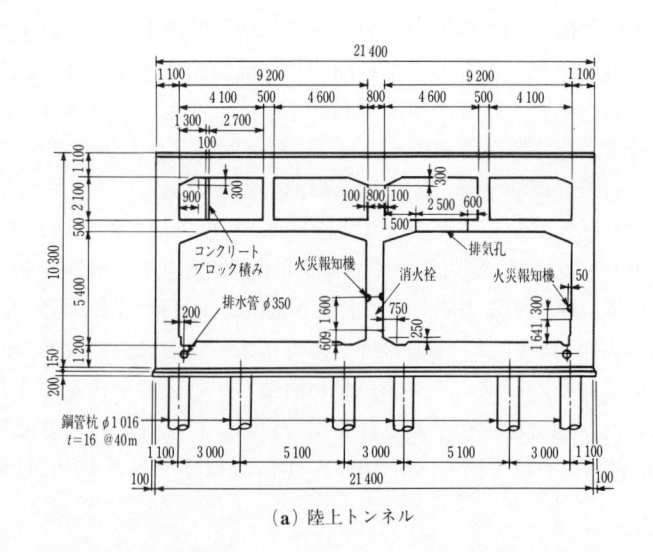

(a) 陸上トンネル

図 7.4-1　取付部の構造（東京港第 2 航路海底トンネル）

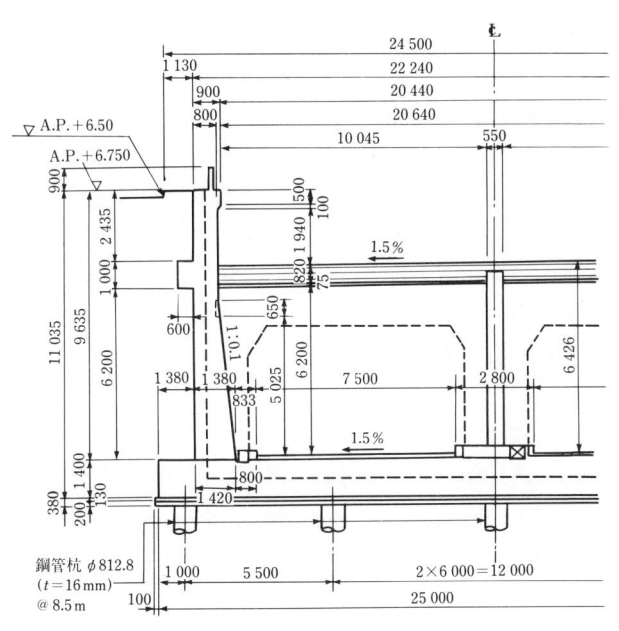

(b) ストラット付きU形擁壁

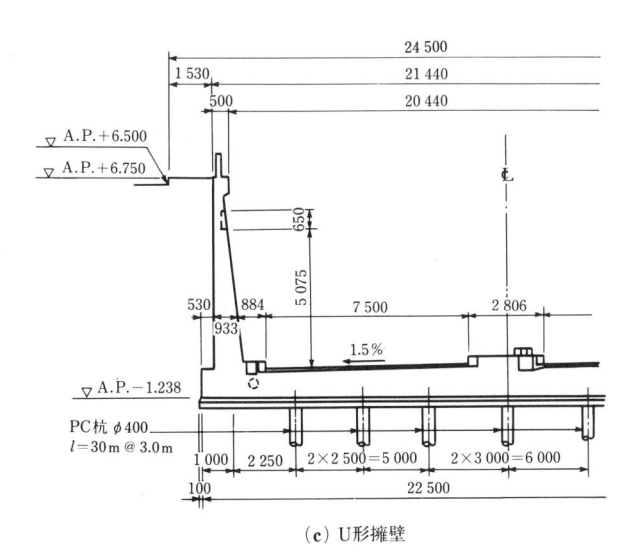

(c) U形擁壁

図 7.4-2 取付部の構造（東京港第 2 航路海底トンネル）

7.3 護岸の設計

7.3.1 沈埋函沈設時仮護岸の設計

　沈埋トンネルは水域部から陸上部に移行する部分で，既設の護岸を通過するのが一般的である．このため，沈埋函の沈設前に仮護岸を設置した後，既設護岸を撤去して沈埋函沈設に必要な浚渫を行う．仮護岸の設置には，沈埋函沈設のための施工幅が確保されていること，護岸前面の浚渫が深い場合が多いので，これに対して安定な構造であることが必要である．この対策として，仮護岸の前面に水中山留めを施工する場合もある．

7.3.2 完成時護岸の設計

　沈埋函沈設後は，護岸線をもとの位置に復旧するのが基本である．沈埋トンネルの始終端が護岸線より陸側に入っている場合には，沈埋函上に護岸が載る構造となり，沈埋函の設計にその荷重が考慮されなければならない．護岸形状の変更が可能な場合は，荷重軽減のために沈埋函上の水面を残すこともある．このような荷重条件の点からは，護岸線の位置と沈埋トンネル始終端が一致しているのが理想的である．

第8章 耐震解析法

8.1 耐震設計の考え方

8.1.1 沈埋トンネルの地震時の挙動

　沈埋トンネルは，今まで大きな地震被害を受けた例はない．1997年に完成した大阪港咲洲トンネルでも，兵庫県南部地震（1995年）で震源地からやや離れているもののほとんど被害を受けなかった．沈埋トンネルは地上の構造物と比較して耐震性が高いと一般的に判断されている．これは周囲の地盤の拘束のため大きな自励振動を起こさず，周辺地盤が大変形を起こさない限り地震動の影響は小さいからである．しかし日本では，地震活動の高くかつ地震動の増幅が大きい軟弱な地盤中に建設される例が多いことから，耐震性の検討が不可欠である．従来の研究から，パイプライン，共同溝，シールドトンネルなどの同類の長大な地中構造物の動的変形特性と震害について，次のような特徴があることがわかっている．

① 地形・土質条件が複雑に変化する領域で被害を受けることが多い．表層地盤の地点ごとの相対変位が重要となる．
② 液状化地域での被害率は，非液状化地域に比べてかなり高い．護岸，傾斜地などでは液状化による地盤変形が大きいと影響度が大きく，かつ非液状化層との境界に大きな相対変位が生じる．
③ 模型実験や中小地震時の観測結果によると，沈埋トンネルの有無は地盤振動に特に影響がなく，おおむね地盤と同様に振動している．地盤のひずみ量と沈埋トンネルのひずみ量とはほぼ等しい．

8.1.2 耐震性能

　沈埋トンネルは，構造物の社会的な重要度が高い．すなわち，地震時において人命の確保が求められ，かつ地震後も機能を保持することが求められる．道路トンネルや鉄道トンネルでは，特に十分な耐震対策が必要である．沈埋トンネルは，沖合人工島とのアクセスとして建設される場合もあり，地震後の物資の搬出入や

表 8.1 構造設計での性能照査

		目 標 性 能	照 査
地盤	常時	(1) 浮力に対する安定 (2) 支持力に対する安定 (3) 地盤の沈下に対する安定	(1) 浮き上がり (2) 地耐力 (3) 圧密沈下
	地震時	(4) 浮き上がりに対する安定 (5) 地盤の液状化に対する安定 (6) 地盤の側方流動に対する安定	(4) 過剰間隙水圧に対する浮き上がり (5), (6) 滑動, 回転, 転倒
構造	常時	(7) 外荷重に対する耐荷性能, 変形性能 (8) 耐久性 (9) 止水性(本体および継手) (10) トンネル火災に対する安全性, 復旧性	(7) 曲げ・軸力・せん断に対する断面耐力, 曲げ先行型破壊モード, 変形 (8) 腐食およびコンクリートのひび割れ (9) 漏水 (10) 耐火工
	地震時	(11) 地震動に対する耐荷力 (12) 止水性(本体および継手)	(11) 曲げ・軸力・せん断力に対する断面耐力, 曲げ先行型破壊モード (12) 漏水の程度, 復旧性
	施工時	(13) 沈埋函の浮遊時, 曳航時, 沈設時の安定 (14) 沈埋函の製作時～沈設時に作用する外荷重に対する耐荷性能 (15) 陸上トンネルの施工時の安定 (16) 陸上トンネル部の施工時荷重に対する耐荷力および安定	(13) 乾舷量, 沈設時仮支持時の浮き上がり, 曳航時の回転, 沈み込み (14) 施工時荷重に対する発生応力度 (15) 浮力が作用しない場合の地耐力 (16) 沈埋函を陸上トンネルに水圧接合する場合の発生応力度および滑動・沈下

人の交通ができ，沖合人工島が孤立しないためにも，地震後も機能を保持しておかなければならない．耐震性を評価する際には，以下の項目を念頭に置いておくのがよい．

① 地震にともなう地形変化等の影響をなるべく受けないような路線の選定を行う．活断層，傾斜地などを極力避ける．
② 予想されている地震に対して，沈埋トンネル各部材に生ずる曲げモーメント，せん断力などの断面力が部材の耐荷力（保有耐力）以内とする．あるいは許容ひずみ以内として構造の安全性を評価する耐震設計法を使用する．
③ 予想されている地震以上の影響を受けても，沈埋トンネルの破損により大量の出水を招かないように，強度が十分ある材料や構造部材を選定する．また，地震時の変形を吸収する能力（延性，じん性，たわみ性など）も考慮する．
④ 海底地盤内に埋設されるので，止水性の確保が重要である．また沈埋函本体

は，長期間使用されかつ取り替えが困難であるので，耐久性のある材料を用いる．
⑤ 継手部，換気塔との取付部等，構造上に弱点になりがちな部分の安全性を確保する．
⑥ 万一の事故・破損に対する保安対策，復帰体制の整備を行う．

構造物と地盤の耐震性能を表8.1にまとめて示す．土木学会では，兵庫県南部地震を契機に，レベル1とレベル2の地震動を想定した耐震設計法を提案している．この方法は原子炉施設の耐震設計法で採用されていたが，一般の橋梁，トンネル，建物などの土木建築構造物に適用範囲を広げたものである．沈埋トンネルでも，この2段階設計法で耐震性の検討を行う．

① レベル1

沈埋トンネルの供用期間中に1～2度発生する確率を有する地震動で，この地震動に対して沈埋トンネルが損傷せず使用できるように設計する．

② レベル2

沈埋トンネルの供用期間中に発生する確率が非常に小さい活断層により生じる地震動で，この地震動に対して沈埋トンネルが損傷するが崩壊しないように設計する．

沈埋トンネルに求められる地震時の性能要求として3種類を設定する．すなわち

① 耐震性能1：地震時に機能は健全で，補修なしで継続して使用可能な性能
② 耐震性能2：地震後に機能が短期間に回復でき，補修は行うが補強を必要としない性能
③ 耐震性能3：地震時に構造物全体が崩壊しない性能

レベル1の地震動に対して耐震性能1を確保する．レベル2の地震動に対して耐震性能2あるいは耐震性能3を確保するのがよい．表8.2に，土木学会の提言を受けた形での沈埋トンネルでの新耐震設計法の考え方を示す．耐震性能1では，材料は弾性領域内に応力度や変位を制限するのがよい．耐震性能2と耐震性能3では，材料は降伏域を超えた非線形領域まで考慮しじん性（終局時の変位/降伏時の変位）の値を制限しかつ破壊形式にも注意を払うのがよい．部材では，せん断破壊よりも曲げ破壊を優先させる．せん断破壊では急激な破壊を生じ，じん性が少なく変形性能が曲げ破壊よりも劣るからである．

表 8.2 レベル1とレベル2の考え方

	レベル1	レベル2
対象地震	75年期待値の地震動	活断層による地震動
要求される耐震性能	構造体の軽微な被害で，簡易な補修ですぐに交通可能	被害があっても人命に及ぼす破壊をしない．補修可能な破壊にとどめる．
予想される被害状況	コンクリートの微小なひび割れ，継手の軽微な開き，沈埋函や立坑のわずかな変位や傾斜，換気装置，照明などの機器類の継続使用可能など	鋼材は降伏しても破断しない．コンクリートは過度のひび割れとならず，止水性は確保，継手部の止水性確保，立坑，沈埋函の変位や傾斜は許容範囲以内など
設計の照査基準	各材料の発生応力度を許容応力度程度とする．変形量は交通に支障のない範囲とする．周辺の地盤の地震後の残留変形を抑止する．液状化の発生を抑える工法の選定など	コンクリートの圧壊，せん断破壊を避ける．鋼材は破断しない．継手部のゴムガスケットは破断，横倒れを起こさない．止水性は確保．沈埋函は浮き上がったり大変形を起こさない．立坑の変形，傾斜は許容範囲とする．陸上トンネル部も同様とする，など．
設計法	許容応力度法あるいは限界状態設計法	限界状態設計法（終局限界状態）
解析方法	弾性解析 変位法，震度法，動的応答計算法など適宜選択	材料非線形解析 構成材料の非線形性を考慮し耐力と変形量を動的応答計算法や静的計算法により計算する

8.2 設計地震動

沈埋トンネル近傍の断層を調査し，断層の実在（距離など），位置を調べ断層の規模（長さなど），活動年代を特定する．耐震設計上考慮すべきかしないのかを判断する．考慮する場合，地震のマグニチュード M と断層の長さ L の関係として下記の式がある．断層の長さが特定されればマグニチュードが計算できる．

$$\log L = 0.6M - 2.9 \tag{8.1}$$

動的応答計算に用いる入力地震波として，レベル1とレベル2の2種類を考慮する．両レベルでどのような地震波を用いるかは，必ずしも統一的な見解はない．レベル1では再現期間が75年程度の海洋型のプレートの沈み込みによる地震動を想定する．レベル2では活断層による再現期間が1000年程度の直下型の地震動を想定する．建設地点で取得された地震動や十勝沖地震など大規模な地震で得られた図8.1に示すような加速度記録を用いている．経験的グリーン関数により計算された模擬地震動を使用する場合もある．地震動の種類としては，建設地点近傍

に震央があり，比較的加速度の大きな波形と比較的遠距離で発生しマグニチュードの大きな地震波形の2種類を用いる．基盤加速度として建設地点付近の断層を想定し，両者の距離を基に最大加速度を推定する．図8.2に関東地区での断層位置を示す．入力最大加速度はマグニチュードと断層面距離から次式で計算できる．

$$\log_{10} A_{\text{cor}} = 0.55 M + \log_{10}(X + 0.005 \times 10^{0.55M}) - 0.00122 X + 0.502 \tag{8.2}$$

ここで，A_{cor} は最大基盤加速度，M はマグニチュード，X は断層面距離である．

活断層の存在が明確にされていない地点や基本設計段階では，今までの観測記録，歴史地震記録および活断層データに基づいた確率統計的な手法により設定してよい．マグニチュードは活断層が特定されない場合でも6.5程度を設計では考慮するとよい．

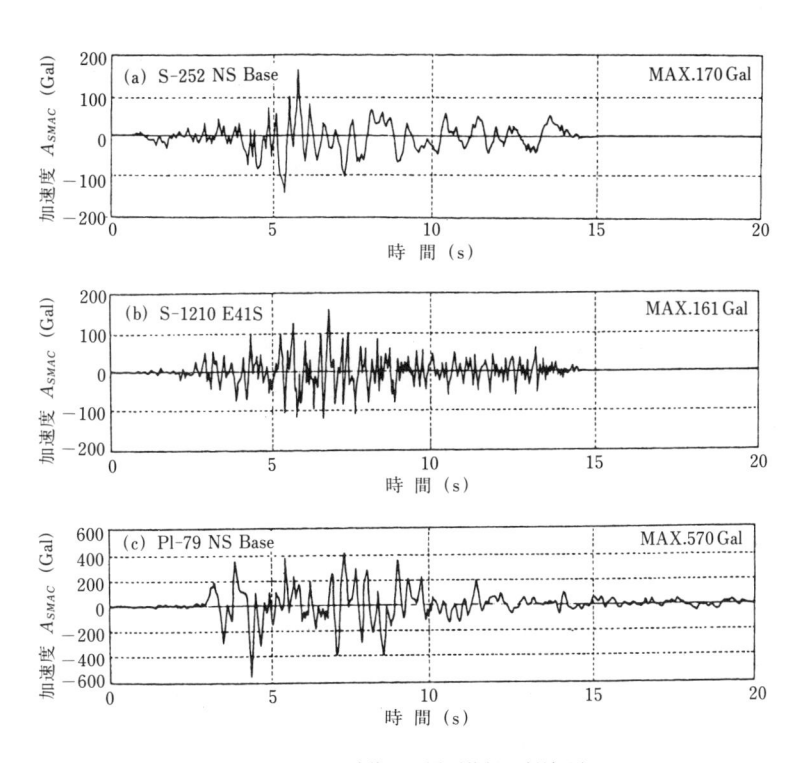

図 8.1 入力地震動の一例（基盤入射波形）

プレート内型地震（内陸型地震）
　　地震 A（区部直下の地震）
　　地震 B（多摩川直下の地震）　｝マグニチュード 7.2
　　地震 C（神奈川県直下の地震）
　　地震 D（埼玉県境直下の地震）

プレート境界型地震（海洋型地震）
　　関東地震……………………………マグニチュード 7.9

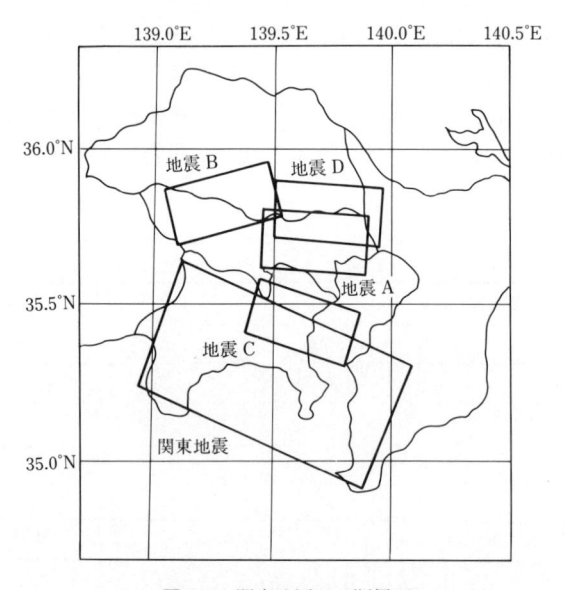

図 8.2　関東地区での断層面

8.3　地盤の評価

　表層地盤は地震の影響を受け，応力とひずみの関係が非線形性を示す．図 8.3 に示すように，ひずみが大きくなるにつれ，地盤のせん断弾性係数は小さくなる．また表層地盤の減衰も大きくなる．表層地盤の剛性低下と減衰定数の増加は，プログラム SHAKE により等価線形として評価するのが簡便である．ここでは地盤の剛性と減衰は振動三軸試験から得られたひずみの関数として計算する．

　より詳細の検討では，地盤の要素で応力 – ひずみ関係（$\tau - \gamma$ 関係）を数式で表示する方法がある．よく使用されるのが Ramberg–Osgood あるいは Hardin–Drnevich

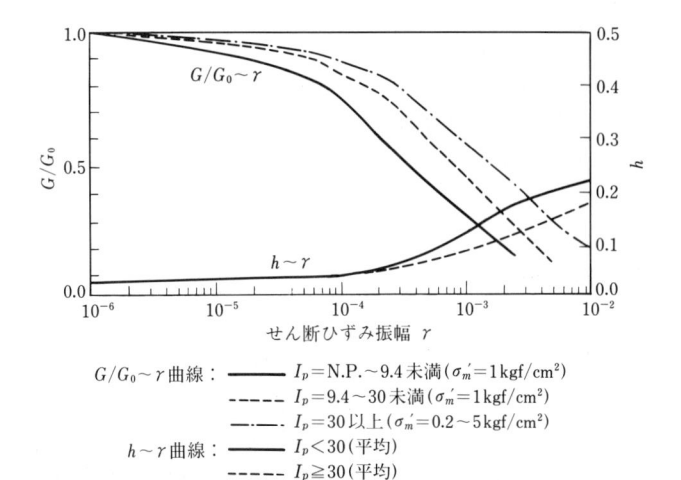

図 8.3 地盤のひずみと剛性の低下と減衰係数の関係

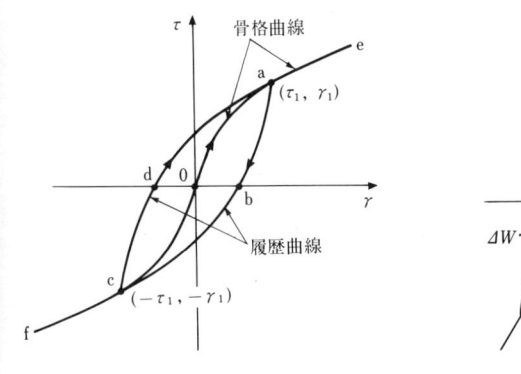

$G/G_0 \sim \gamma$ 曲線：
— $I_p = $ N.P. ~ 9.4 未満 ($\sigma'_m = 1\,\mathrm{kgf/cm^2}$)
--- $I_p = 9.4 \sim 30$ 未満 ($\sigma'_m = 1\,\mathrm{kgf/cm^2}$)
-·- $I_p = 30$ 以上 ($\sigma'_m = 0.2 \sim 5\,\mathrm{kgf/cm^2}$)

$h \sim \gamma$ 曲線：
— $I_p < 30$ (平均)
--- $I_p \geqq 30$ (平均)

図 8.4 骨格曲線の状況

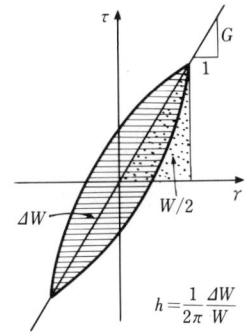

図 8.5 履歴曲線での減衰の考え方

の提案式である．図 8.4 に骨格曲線を示す．この骨格曲線の一般式は

$$\tau = G_0\,\gamma\{1 - f(\gamma)\} \tag{8.3}$$

ここで，G_0 は初期剛性，$f(\gamma)$ は関数形で Ramberg–Osgood では $1/(1+\alpha|\tau|\beta)$，Hardin–Drnevich では $1/(1+|\gamma/\gamma_r|)$ である．

図 8.5 に示す履歴曲線の内側の面積は減衰を表し，履歴減衰定数（等価粘性減衰）h は次式で計算される．

$$h = \frac{1}{2\pi} \frac{\Delta W}{W} \tag{8.4}$$

後述する沈埋函と周辺地盤は耐震設計で通常ばねで連結されているが，この降伏面として軸力に対して最大摩擦力，曲げに対して受働土圧を考えバイリニア型の荷重変位に関係を設定する．

8.4 構造部材の評価

(1) 材料非線形性

沈埋トンネルの構成部材も大規模な地震動を受けたときに弾性的挙動を示さず応力とひずみ（あるいは断面力と変位）とが非線形の関係を示す．特に耐震性能2および耐震性能3でレベル2の地震動に対しては，材料の非線形性を考慮しなければ適切な安全性の評価ができない．この非線形性に対しては，図8.6に示すバイリニアモデル，トリリニアモデル，武田モデル，武藤モデルなど，いくつかの材料非線形性の関係式が提案されている．

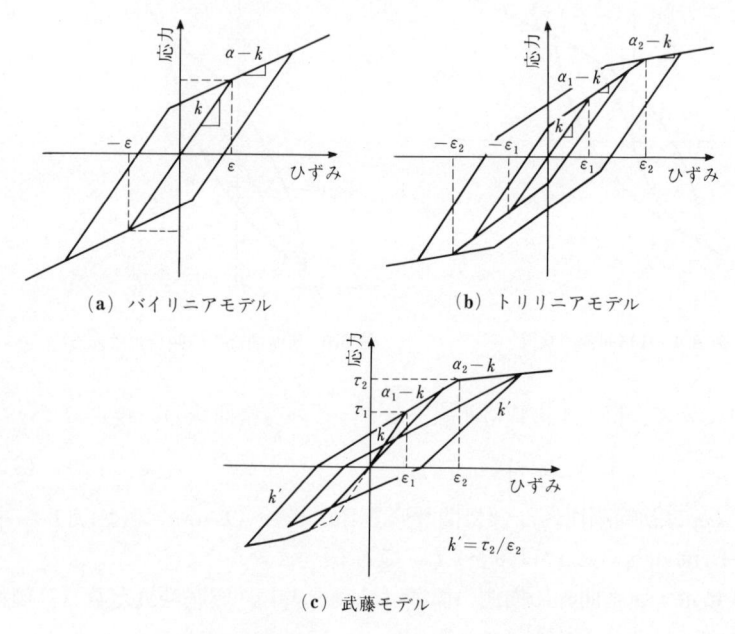

(a) バイリニアモデル

(b) トリリニアモデル

(c) 武藤モデル

図 8.6 荷重と変位（応力とひずみ）の非線形性

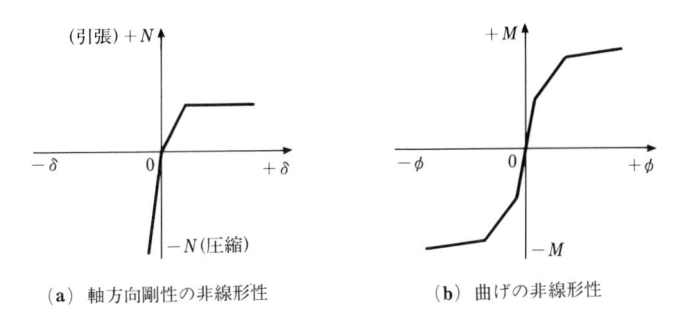

(a) 軸方向剛性の非線形性 (b) 曲げの非線形性

図 8.7 構造部材の非線形性

どのモデルを採用するかは技術者の判断に任されるが，沈埋函部材では，軸力，曲げモーメントおよびせん断力と変形（回転角を含む）との関係に対して図 8.7 に示す関係式を用いている．コンクリートでは圧縮側はコンクリートの圧壊を，引張側では割裂を考慮して降伏面を設定する．鋼材では降伏強度よりバイリニア型の荷重 – 変位関係を設定する場合が多い．

(2) 破壊モードの判定

部材の破壊モードの判定は次式により求める．1.0 以下であれば曲げ破壊モードで，1.0 以上であればせん断破壊モードである．一般的に曲げ破壊がせん断破壊より先行するように設計する．

$$\gamma_i \frac{V_{mu}}{V_{yd}} < 1.0 \tag{8.5}$$

ここで，γ_i は構造物係数，V_{mu} は部材が曲げ耐力 M_u に達するときの部材に生じるせん断力，V_{yd} は部材の設計せん断耐力である．

部材が曲げ破壊モードの場合の安全性の検討は次式を満足するようにする．

$$\gamma_i \frac{M_d}{M_{ud}} < 1.0 \tag{8.6}$$

ここで，M_d は部材の設計曲げモーメント，M_{ud} は部材の設計曲げ耐力である．

部材がせん断破壊モードの場合の安全性の検討は次式が満足するようにする．

$$\gamma_i \frac{V_d}{V_{yd}} < 1.0 \tag{8.7}$$

ここで，V_d は部材の設計せん断力，V_{yd} は部材の設計せん断耐力である．

（減衰定数の設定）

構造体の履歴減衰定数はおおよそ 0.02～0.05 を用いる．有限要素法による構造体全体の解析でのレイリー減衰は，質量と剛性に比例するとし，次式で計算できる．

$$[C] = \alpha[M] + \beta[K] \tag{8.8}$$

係数 α と β は，構造系の固有周期を計算し，寄与する 2 つの固有周期を選び計算できる．

8.5 耐震解析手法

沈埋トンネルの耐震設計基準としては，土木学会「沈埋トンネル耐震設計指針（案）」，「トンネル耐震設計のためのガイドライン（案）」と沿岸開発技術研究センター「沈埋トンネル技術マニュアル」とがある．これらの指針類で述べられている耐震計算法として，以下の 3 種類がある．
① 震度法
② 応答変位法
③ 動的応答解析法

構造物の構造諸元や重要度により適宜にこれらの方法を選定する．基本設計で通常用いられているのは，震度法と応答変位法である．質点系モデルや有限要素法を用いた動的応答解析による耐震計算は，構造物の形状や地盤条件が複雑で，震度法や応答変位法では十分な検討ができない場合に用いられている．表 8.3 に新潟みなとトンネルでの各手法の適用箇所を示す．図 8.8 に耐震設計の全体のフローチャートを示す．また通常耐震設計は構造物の水平方向に行われ鉛直方向はされていない．これは鉛直方向の影響が水平方向より通常かなり小さいと判断されているからである．

表 8.3 各手法の適用箇所

		震度法	応答変位法	動的解析法
沈埋トンネル部	横断面	○	○	—
	縦断面	—	○	○
立坑		○	—	—
陸上トンネル部	横断面	○	○	—
	縦断面	—	○	—

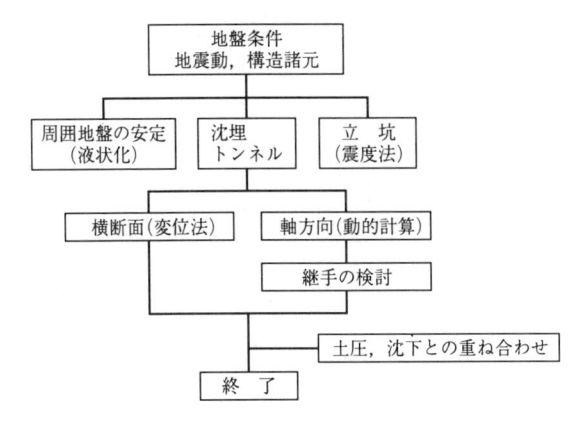

図 8.8 耐震設計の流れ

8.5.1 震度法

固有振動数が比較的高く,かつ減衰性が大きい構造物の場合には,地震動による動的な応答効果を考慮せずに,静的な力により構造物の地震性の安全性を検討できる.地震時の慣性力は,構造物や土塊の重量に設計震度を乗じて求める.

$$F = (1 + K_h)W \tag{8.9}$$

ここで,K_h は設計水平震度,W は構造物の重量である.

土圧については同じく物部・岡部による地震時土圧により求める.水に接している立坑では Westergaard による動水圧を考慮する.設計震度は建設地点の地震の活動状況,地盤の性質,構造物の重要性の度合を考慮して設定する.沈埋トンネルでは前述したとおり周辺地盤の変形が支配的となる.しかし,立坑部,陸上取付部,付帯設備等では震度法による設計を用いる例が多い.

8.5.2 応答変位法

地震時に沈埋トンネルは,周辺地盤とほぼ同様の動きをする.換言すれば,構造物が自励振動を起こさず,地盤に生ずる加速度でなく周辺地盤の変形に支配されている.このため,応答変位法が沈埋トンネルの耐震設計法として一般に用いられる.応答変位法は「地震により地盤が応答し,その結果生じた地盤の変位あるいはひずみの一部が構造物に伝えられると考えて,構造物のひずみ・応力・断面力などを算定する耐震設計法」と定義することができる.すなわち,沈埋トンネル本体の耐震性の評価の際に,従来の震度法をそのまま適用することは不適当

であり，周辺の地盤の変形に基づいて耐震性の評価を行う必要がある．すなわち，沈埋トンネル軸に沿った地盤の変形状態の把握が重要となる．

(1) 沈埋函軸方向の検討

応答変位法に基づくトンネル軸方向の計算法は，次に示す仮定に基づいている．
① 地盤は等方等質の完全弾性体とする．
② 地震波の波形は正弦波で表す．地震波は，時間的に周期，最大振幅および位相が変化せずに，地表面と平行に進行するものとする．
③ 沈埋トンネルに発生する応力度として軸応力度と曲げ応力度を考える．
④ 地盤条件が急変した場所や，沈埋トンネルが直管でない箇所を直接対象としない．

図 8.9 に沈埋トンネルと地震波との関係を示す．地震波は，沈埋トンネル軸に ϕ 度の角度で入射する．沈埋トンネルは，周辺の変形に支配されることから，波動方程式を直接解かずに，沈埋トンネルを地盤から強制変位を受ける弾性床上の梁と仮定して沈埋トンネルに生ずる応力度を静的に計算することができる．すなわちこの仮定によれば，軸方向に関する沈埋トンネルの基本式は次式で示される．

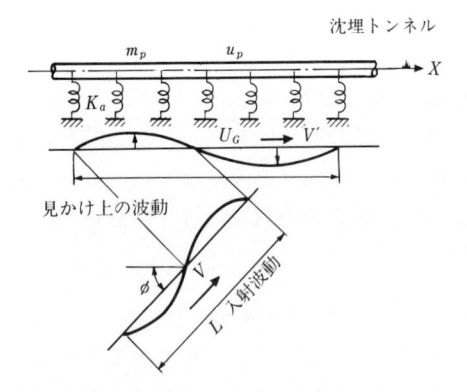

図 8.9 沈埋トンネルと地震波の関係

$$EA\frac{d^2y_p}{dx^2} - K_a(y_g - y_p) = 0 \tag{8.10}$$

入力の地震波は，次式で示される正弦波とする．

$$y_g = U_g \sin\phi \, \sin\left(\frac{2\pi\cos\phi}{L}\right)x \tag{8.11}$$

ここで，U_g：表層地盤面の水平変位振幅
　　　　y_g：沈埋トンネル軸方向に関する表層地盤の水平変位振幅
　　　　y_p：沈埋トンネルの軸方向変位
　　　　E_A：沈埋トンネルの剛性
　　　　K_a：沈埋トンネル軸方向に関する地盤の剛性係数
　　　　L：地震波の波長

上式より沈埋トンネルに与える軸応力度の最大値 $(\sigma_a)_{\max}$ は次式で示される．ただし，最大値は入射角（ϕ）が 45 度のときに生ずる．

$$(\sigma_a)_{\max} = \underbrace{\frac{1}{1 + \dfrac{EA}{K_a}\left(\dfrac{2\pi}{L}\right)^2}}_{\alpha_1} \frac{\pi E U_g}{L} \qquad (8.12)$$

上式で α_1 は，沈埋トンネルと地盤間の変位の伝達する程度を示す係数であり，沈埋トンネルの剛性，地盤の剛性および地震動の波長との関係で決る．地盤条件がよいと伝達率は大きくなる．

沈埋トンネル軸直角方向も同様な方法で曲げ応力度を計算する．

$$EI\frac{d^4 y_p}{dx^4} - K_a(y_g - y_p) = 0 \qquad (8.13)$$

ここで，EI は沈埋トンネルの曲げ剛性，K_b は沈埋トンネル軸直角方向に関する地盤の剛性係数である．

$$(\sigma_b)_{\max} = \underbrace{\frac{1}{1 + \dfrac{EI}{K_b}\left(\dfrac{2\pi}{L}\right)^4}}_{\alpha_2} \frac{4\pi^2 E U_g}{L^2} \qquad (8.14)$$

応答変位法は，計算が簡便なことから基本設計に用い，詳細設計時には後述の動的応答計算法が使用される．

(2) 沈埋函の横断面内の検討

図 8.10 に示すように表層地盤がせん断変形すると，構造物に変形および断面力が生ずる．このような地盤および構造物の相互の運動を地盤のばねによって弾性的に保持されるとする図 8.11 に示す骨組構造系の力学モデルによって表示する．沈埋函の側壁には，次式に示す荷重が水平方向に作用するとする．

$$q_H(z) = K_H(z)[U_H(z) - U_H(h_B)] \qquad (h_S \leq z \leq h_B) \qquad (8.15)$$

ここで，$q_H(z)$：深さ z 点における水平方向荷重 [N/cm^2]
　　　　$K_H(z)$：深さ z 点における水平方向地盤反力係数 [N/cm^3]
　　　　$U_H(z)$：深さ z 点における地盤の水平方向変位振幅 [cm]
　　　　$U_H(h_B)$：下床版位置（$z = h_S$）における地盤の水平方向変位振幅 [cm]
　　　　h_S：地表面から上床版までの深さ（土かぶり厚）[cm]
　　　　h_B：地表面から下床版までの深さ [cm]

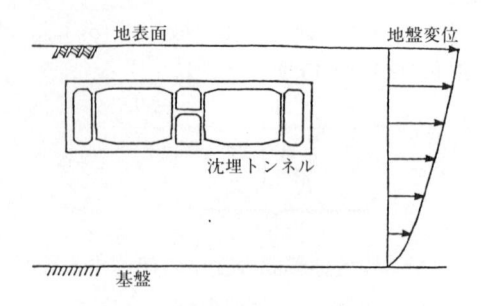

図 8.10 表層地盤のせん断変形

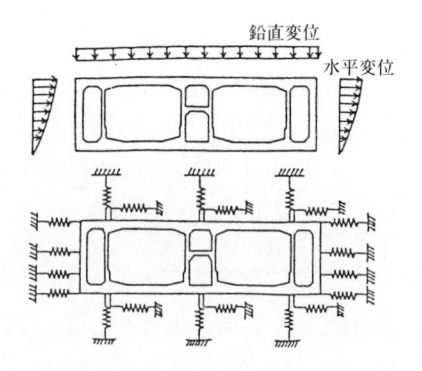

図 8.11 横断面内の力学モデル

応答変位法では,構造部材に作用する加速度による慣性力は一般的に非常に小さく無視するのが普通である.

応答変位法を適用する場合に大きな問題は,入力する地盤変位,地盤のばね定数や波長をどのように設定するかである.

①地盤変位分布

表層地盤の鉛直方向に関する水平変位分布は,多質点系モデルや有限要素法モデルによる1次元の地盤応答計算法で計算できる.表層地盤が均質な1層と見なせる場合には,地盤応答計算法によらず,次式で水平変位分布を簡易に計算できる.

$$U_G = U_H(z) = \frac{2}{\pi^2} S_v T_s \cos\left(\frac{2\pi z}{4H}\right) \tag{8.16}$$

ここで,S_v は速度応答スペクトル,T_s は表層地盤の1次固有周期である.

②地盤のばね定数

地盤のばねの設定には各種の方法があるが，次式で簡易に計算することができる．

$$K_a = K_b = G_s \tag{8.17}$$

ここで，G_s は表層地盤のせん断弾性係数で，$\gamma V_s^2/g$ で計算できる．γ は土の単位体積重量，V_s はせん断弾性波速度，g は重力加速度である．このばね定数の設定は，土質調査結果を基に設定することが望ましい．

③波長

地震観測や表層地盤を卓越する地震動の波長から設定される．東京湾などの軟弱の表層地盤が広がっている地点では，1 000 m 前後を想定している．

応答変位法は，一様な地盤でかつ沈埋トンネルが直線の場合は有効と考えられる．しかし多くの場合，沈埋トンネル沿いの地盤条件は変化しており，かつ沈埋トンネルの構造も直線でなく，また立坑などの構造物と接合していることがある．このような場合，後で述べる多質点系モデル等の離散系のモデルを作成して，沈埋トンネルに生じる断面力を計算するのがよい．

また，応答変位法とは別に図 8.12 に示す応答震度法も提案されている．この場合には，地盤内の加速度を計算し慣性力を部材に作用させて断面力を計算する．ここでは変位の分布は無視する．応答変位法，応答震度法のいずれかを採用して横断面の耐震設計を行う．

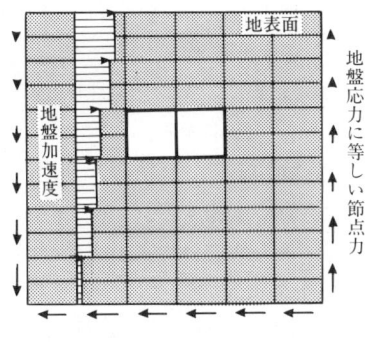

図 8.12 応答震度法モデル

8.5.3 動的応答計算法
(1) 多質点系モデル

多質点系モデルによる動的応答計算法は，最近建設されている沈埋トンネルの耐震設計に多く用いられている．この計算手法は，実際の沈埋トンネルでの地震観測や被害調査等の結果と，質点系モデルによる動的応答計算法の計算結果と比較して，その有効性が確認されている．また，前述の変位法と比較して，地震時の表層地盤や沈埋トンネルの挙動をより正確に評価できる．沈埋トンネルの動的応答計算の手法として，質点系モデルによる動的応答計算法以外に，3 次元モデ

ルによる有限要素法（FEM）等がある．しかし，質点系モデルによる動的応答計算法は，FEMと比較して，電子計算機の容量，演算時間が少なくてすみ，経済的である．

多質点系モデルによる動的応答計算法は，次の基本的な仮定のもとに作成される．

① 沈埋トンネルとその周辺の地盤は地震時に同様な挙動をする．沈埋トンネルは自励振動しない．また表層地盤の振動特性は，沈埋トンネルの存在によって影響を受けない．

② 地震時に沈埋トンネルに発生する断面力に関して，表層地盤の水平変位が最も大きな影響を与える．この変位を表層地盤の一次せん断振動によって評価する．

③ 沈埋トンネルの長手方向に表層地盤を分割し，各々を一質点に置換する．沈埋トンネル，質点および基盤は，ばねやダンパーの要素で連結して多質点系モデルを作成する．

④ 沈埋トンネルを弾性床上の梁と考えて，沈埋トンネルに発生する変位や断面力を算定する．

⑤ 動的応答計算法は，分割された表層地盤に対して，軸方向と軸直角方向について実施する．

⑥ 入力地震は，設計基盤面から入力する．

以上の仮定のもとに作成された一質点系モデルを図8.13に示す．一質点系モデルは，質点（M），ばね（K_1，K_2，K_3）およびダンパー（C）で構成される．

K_1ばねは沈埋トンネルと表層地盤とを，K_2ばねは隣接している質点間どうしを，K_3ばねは質点と基盤とを各々連結している．図8.14は，振動方向が軸直角

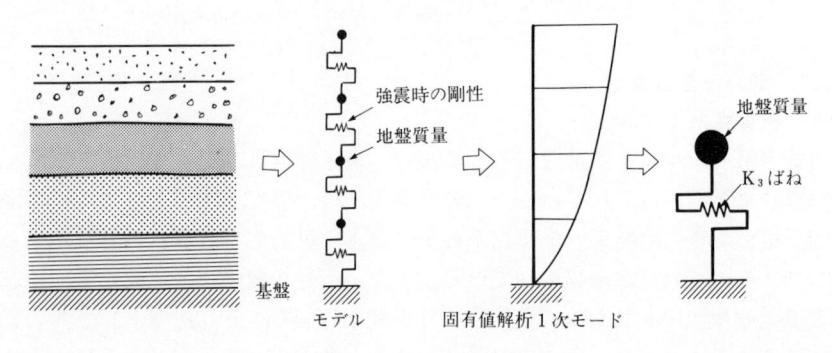

図8.13 質点系モデル

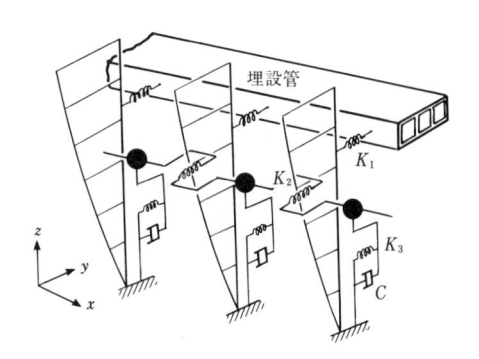

図 8.14 軸直角方向のモデル

方向（Y 軸）の場合の多質点系モデルを示しており，このときの各々のばねの成分は Y 軸方向のみを考える．振動方向が軸方向（X 軸）の場合には，各々のばねの成分は X 軸方向のみを考える．

　質点系モデルによる動的応答計算は，式 (8.18) で実施する．この式は，沈埋トンネルを含まない，表層地盤に関する振動方程式である．

$$[M]\{\ddot{x}\} + [C]\{\dot{x}\} + [K_g]\{x\} = -[M]\{\ddot{e}\} \tag{8.18}$$

ここで，$[M]$：質量マトリックス
　　　　$[C]$：減衰マトリックス
　　　　$[K_g]$：K_2 ばねおよび K_3 ばねで構成される剛性マトリックス
　　　　$\{x\}$：質点の変位で構成されるベクトル
　　　　$\{\ddot{e}\}$：設計基盤面での入力地震波（加速度記録）

　上式の振動方程式を解くと，各々の質点変位 $\{x\}$ を時々刻々算定できる．この質点の変位に，沈埋トンネル位置での刺激係数を掛ければ，沈埋トンネル位置での地盤変位 $\{y\}$ を算定できる．したがって，沈埋トンネルの変位 $\{z\}$ は次式で算定できる．

$$\{z\} = [K_e]\{y\} = [K_e][\alpha]\{x\} \tag{8.19}$$

ここで，$[K_e]$：K_1 ばねと沈埋トンネルの剛性で構成される剛性マトリックス
　　　　$[\alpha]$：刺激係数で構成されるマトリックス

　以上の手順によって沈埋トンネルの変位を算定する．沈埋トンネルの変位が算定されれば，沈埋トンネルを弾性床上の梁と仮定して，断面力を算定する．

(a) トンネル軸方向ばね

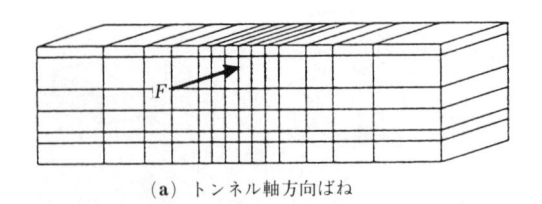

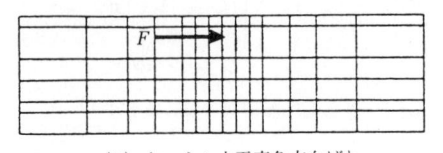

(b) トンネル水平直角方向ばね

図 8.15 ばね定数の算定方法

入力定数としての地盤の弾性領域のばね定数は，2次元あるいは3次元の有限要素法モデルにより計算する．求めたい箇所の有限要素法の節点に，単位の荷重 p を作用させ，この場所での変位 δ を計算して，ばね定数を $K = P/\delta$ で求める．このモデルの概要を図 8.15 に示す．表層地盤の減衰は1次元地盤応答計算プログラム（名称：SHAKE）を用いて計算する．減衰定数は 0.1 程度に一般的に計算される．

(2) 有限要素法モデル

有限要素法では，表層地盤を平面要素あるいは固体要素に，沈埋トンネルを梁部材に置換して時刻歴解析を行う．図 8.16 に沈埋トンネル軸方向，図 8.17 に横断方向のモデルを示す．

有限要素法では，表層地盤のみモデル化して地盤内のトンネル軸方向に関する変位分布を計算して，弾性支床上の梁にこの変位を強制外力として断面力を計算する方法と，沈埋トンネルと表層地盤とを一体にモデル化して断面力を計算する方法とがある．表層地盤と沈埋トンネルの材料非線形性を考慮する場合には，相当な計算時間と計算機の容量とを必要とするが，耐震性能2および3を照査するとき有効な手法であり，最近よく設計に使用される．

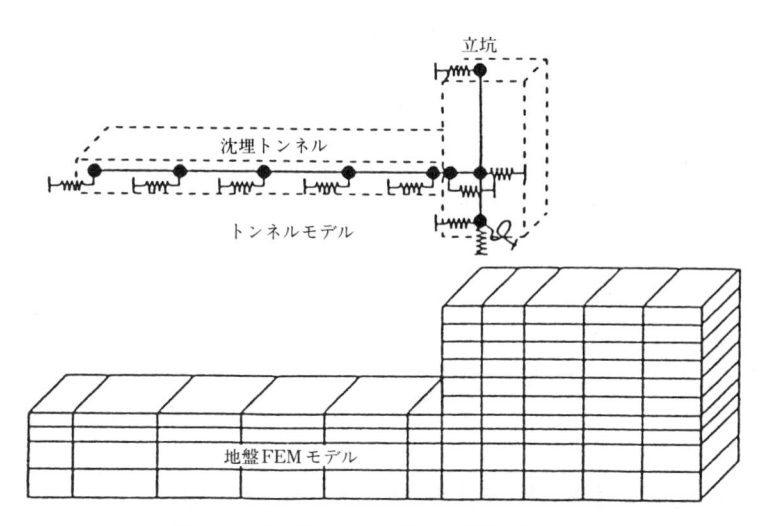

図 8.16 沈埋トンネル軸方向の有限要素モデル

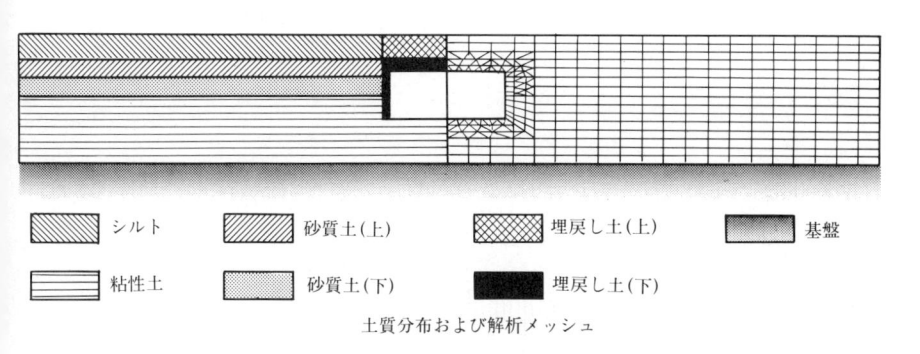

図 8.17 沈埋トンネル横断方向の有限要素モデル

8.6 耐震継手の検討

　沈埋トンネルでは，地震時の変形，周辺地盤の不等沈下，温度応力などを吸収する目的で，柔継手が沈埋函同どうし，換気塔と沈埋函間に設けられる場合が多い．柔継手は，ゴムガスケットとPCケーブルによる構造が，日本では広く採用されている．

柔継手の採用によりどの程度断面力が低減できるか，新潟みなとトンネルでの計算例を示す．ここでは多質点系モデルによる動的応答計算がなされている．図8.18 でケース 1 は剛結合，ケース 2 は換気塔と沈埋函間のみ柔継手，ケース 3 は全箇所が柔継手である．柔継手を計算モデルでは線形なばねとしている．柔継手を採用することにより，図 8.19 に示すように，軸力が大幅に低減されることがわかる．

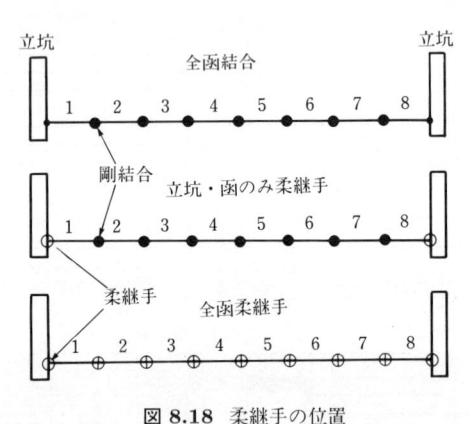

図 8.18 柔継手の位置

図 8.19 柔継手位置による軸力の比較

最近では，ゴムガスケットよりさらに変形性能があるベローズ（波形鋼板）による柔継手が提案されており，那覇港の沈埋トンネルでの採用が検討されている．

耐震継手では，構造耐力の照査のほかに止水に対する照査も必要である．ゴムガスケットで一次止水する場合には，耐震性能1ではゴムガスケットの止水安全率を1.2以上とし，継手間が離れてもゴムガスケットが外面の静水圧により横倒れを起こさないようにする．また耐震性能2では，止水安全率1.0を確保するようにし，最悪でも二次止水ゴムで止水ができるようにする．

8.7 液状化の検討

緩い砂質地盤は，地震時の振動により液状化を起こす．沈埋トンネルでは液状化により以下の2項目の検討が必要となる．
① 沈埋函と陸上トンネルの浮き上がり
② 表層地盤の水平方向への移動

液状化を起こした砂層は，流体と同じ挙動を示す．沈埋函の見かけ上の単位体積重量はほぼ $10\,\mathrm{kN/m^2}$ に近く，液状化した砂層は $20\,\mathrm{kN/m^2}$ 程度である．したがって沈埋函は，浮き上がることになる．この対策として周辺の表層地盤を液状化しない材料に置き換えるか，地盤改良により液状化の発生を押さえる対策がとられる．

浮き上がりに対する安全率は次式で計算する．沈埋函に作用する力の概要を図8.20に示す．

$$F_s = \frac{W_s + W_b + Q_s + Q_b}{U_s + U_b} \quad (8.20)$$

ここで，W_s は上載土，保護コンクリートの重量，W_b は沈埋函の自重，Q_s は上載土のせん断抵抗，Q_b は共同溝側面の摩擦力，U_s は沈埋函底面に作用する揚圧力，U_b は沈埋函底面に作用する過剰間隙水圧，周囲の地盤が完全に液状化したときは Q_s と Q_b は考慮

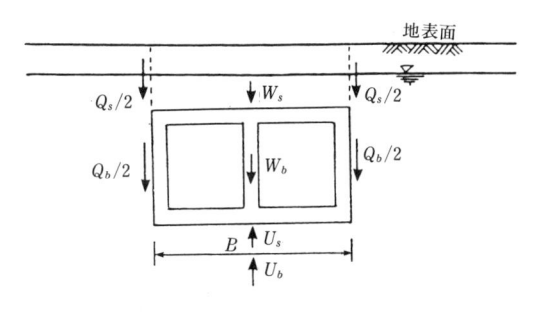

図 8.20 液状化時の状況

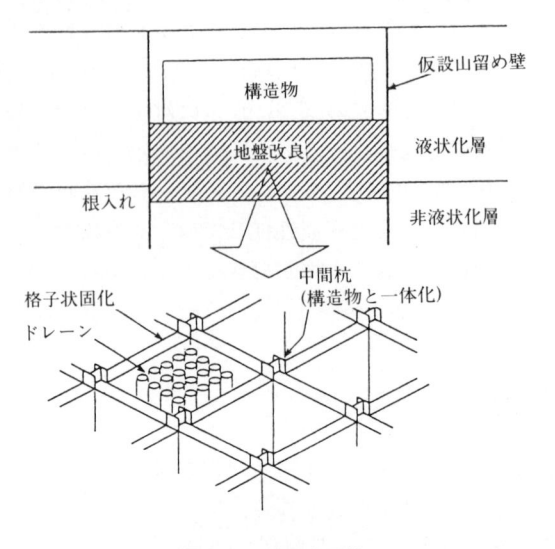

図 8.21 液状化対策

しない．

　液状化による表層地盤の水平移動は，地震後の測量などから明らかにされた現象である．新潟地震（1964年）では信濃川周辺の砂質地盤が 6〜9m も移動した．これは表層地盤が斜面を形成したり，砂層の下の地盤が傾斜している場合に生じる．液状化による地盤の水平方向変位による沈埋トンネルの断面力も変位法により計算できる．液状化により表層地盤に水平方向の変位が予想されたとする．沈埋トンネルを梁部材に置き換え地盤とばねで結び，表層地盤の沈埋トンネルに沿ったこの水平方向の変形量をばねの端部に強制変位として与える．ばねはバイリニアにモデル化し，ばね定数およびばねの上限値は，液状化による強度の低減を考慮する．新潟みなとトンネルでは液状化により横方向に移動しないように図 8.21 に示す対策を行っている．

参考文献

1) 沿岸開発技術研究センター：沈埋トンネル技術マニュアル，1994
2) 土木学会：コンクリート標準示方書（耐震設計編），1996
3) 土木学会：沈埋トンネル耐震設計指針（案），1975
4) 浜田政則：沈埋トンネルの地震応答計算，土木学会第 26 回年次学術講演会講演集，第 I 部，1971

5) 清宮 理, 他 3 名：兵庫県南部地震における沈埋トンネルの動的挙動に関する考察, 第 24 回地震工学研究発表会, pp.832–836, 1996.7
6) 野田 節男, 上部 達生, 千葉 忠樹：重力式岸壁の震度と地盤加速度, 港湾技研報告, Vo.14, No.4, 1975.12
7) 清宮 理, 他 3 名：沈埋トンネル柔継ぎ手の力学性状, 港湾技研資料, No.728, 1992.6
8) 清宮 理, 河野博通, 加藤さやか：波方鋼板を用いた沈埋トンネル柔継手の検討, 構造工学論文集, Vol.45A, pp.793–800, 1999.3
9) 三橋 郁雄, 他 3 名：大阪南港トンネル柔継手の耐震設計, 第 22 回地震工学研究発表会, 1993
10) 浜田 政則, 他 3 名：液状化による地盤の永久変位の測定と考察, 土木学会論文集, No.373/III-6, pp.221–230, 1986
11) Osamu Kiyomiya : Earthquake Resistant Design Features of Immersed Tunnels in Japan, Tunneling and Underground Space Technology, Vol.10, No.4, pp.463–475, Oct.,1995
12) 土木学会：トンネル耐震設計のためのガイドライン（案）, 1997
13) 日本道路協会：共同溝設計指針, pp.64–65, 1986
14) 土木学会：実務者のための耐震設計入門, 平成 12 年度版

付　表

＜付表中の記述の説明＞
(1) トンネル名称
- 外国のトンネル名は原語で示した．
- 日本のトンネルについては，トンネル建設の事業主体（企業名）を併記した．

(2) 内空構成
- 道路トンネルでは1内空ごとの車線数を示した（2車線の内空が並列した2室断面では「2×2車線」と表現した）．
- 鉄道トンネルでは1内空に複線が収容されたものを「複線」，1内空に1線ずつ配置されたものを「単線2室」と表現した．

(3) 断面形状・高さ・幅
- 断面形状・高さ・幅は，トンネル断面の外形形状を示した．ただし，「眼鏡形」は外形によらず，内空形状が円形で2連以上のものを示している．

(4) 本体構造形式
- RC：横断面，軸方向とも鉄筋コンクリート構造のものを示す．
- PC：横断面がPC構造のものを示す．
- 軸方向PC：横断面はRC構造であるが，軸方向にプレストレスを導入している構造を示す．
- S：鋼構造で，軀体コンクリート部分は応力を分担せず，重量づけとしての目的をもつ構造を示す．
- SRC：鉄骨鉄筋コンクリート構造を示す．
- 合成構造：鋼殻構造とコンクリートとが一体となって応力を分担する構造を示す．

(5) 継手構造形式
- 完成系としての結合状態を「剛結合」と「可撓性継手」に分類した．
- また，沈埋函の接合工法を「水中コンクリート」と「水圧接合」に大別した．

(6) 防水工法および防食工法
- 防水工法は，沈埋函を水密構造とするための沈埋函外周の防水処理方法を示す．
- また，防食工法は，沈埋函外周に鋼材が存在する場合のその防食工法を示す．

(7) 沈埋函製作方法

付　表　**143**

- ここでは，「ドライドック方式」，「鋼殻方式」に大別した．
- 「ドライドック方式」は，専用のドライドックで沈埋函製作を完了させた後，ドックに注水して浮上させる方式をいう．
- 「鋼殻方式」は，沈埋函の外殻となる鋼殻を組み立て進水させた後，浮上状態でコンクリートを打設する方式である．
- その他に，沈埋函を既存の造船ドックで製作するものを「造船ドック」方式に分類した．
- また，トンネルの陸上取付け部分をあらかじめ掘り込んでドライドックとして利用する方式を「開削アプローチ部」として分類した．
- 断面規模が比較的小さい沈埋函では，数 m の長さのプレキャストセグメントを接合して，ひとつの沈埋函とする施工法が採用されており，これを「プレキャストセグメント」方式として分類した．
- その他特殊な製作方法を用いているものは別個に記述した．

(8) 沈設方法
- プレーシングバージ（双胴船型の沈設作業船），ポンツーン（沈設用台船），昇降式水上足場，クレーン船などに分類し，これらに当てはまらないものは別個に記述した．

(9) 基礎工法
- 基礎工法は，「直接基礎」と「杭基礎」に大別される．
- 「直接基礎」は，「スクリード方式」（砕石などを敷き均し，その上に直接沈埋函を設置する方式）と「仮支持方式」（沈埋函をいったん仮支持台に仮受けし，函底の空隙に砂やモルタルを注入する方式）に分けられる．
- 「仮支持方式」は，注入材料と注入方式によりいくつかの方式があり，それらの工法名を示した．
- 「杭基礎方式」は，沈埋函全体が杭基礎のものと，沈埋区間の一部分に用いているものがある．
- また，杭を集中的に配置して受け梁を設置し，沈埋函を水中の桁のように支持している方式があり，これを「水中橋脚方式」とした．
- 沈埋函が 1 函のみの場合は，両端のケーソンなどに単純支持された構造となり，これを「水中橋台方式」とした．

(10) その他
- 不明な項目は横棒線で示してある．

付表 1　沈埋トンネル

No.	トンネル名称	国名または県名	所在地	企業者	トンネル長 (m)	内空構成	断面形状 形状	高さ (m)	幅 (m)	エレメント長 (m)	エレメント (基)
1	安治川	大阪府	大阪市	大阪市	81	2車線+歩道	長方形	7.2	14	49.2	1
2	海老取川	東京都	海老取川	首都高速道路公団	300	2*2車線	長方形	7.4	20.1	56	1
3	衣浦港	愛知県	半田～碧南	運輸省 愛知県	986	2車線+人道	長方形	7.1	15.6	80	6
4	扇島海底	神奈川県	川崎港 京浜運河	日本鋼管 (株)	1237	2*2車線	長方形	6.9	21.6	110	6
5	東京港	東京都	東京港第1航路	首都高速道路公団	1325	2*3車線	長方形	8.8	37.4	115	9
6	川崎港海底	神奈川県	川崎港 京浜運河	運輸省 川崎市	1160	2*2車線	長方形	8.452	31	110 100	4 4
7	東京港第2航路	東京都	東京港第2航路	東京都	1085	2*2車線	長方形	8.8	28.4	124	6
8	多摩川	東京～神奈川	羽田～浮島	首都高速道路公団	2170	2*3車線	長方形	10	39.9	128.6	12
9	川崎航路	神奈川県	浮島～東扇島	首都高速道路公団	1947	2*3車線	長方形	10	39.7	131.2	9
10	港島	兵庫県	神戸港	運輸省 神戸市	1600	2*3車線	長方形	9.1	34.6	78.5 87.5 98.8	1 4 1
11	新潟みなと	新潟県	信濃川河口	運輸省	1355	2*2車線	長方形	8.9	28.6	105 107.5	4 4
12	東京西航路	東京都	東京港第1航路	東京都	1969	2*2車線	長方形	10	32.3	120 125.2	10 1
13	衣浦港 (増設)	愛知県	半田～碧南	運輸省 愛知県	1141	2車線	長方形	8.45	13.5	112	4
14	那覇港	沖縄県	那覇市	沖縄総合事務局	1127 (予定)	2*3車線	長方形	8.7 (予定)	36.9 (予定)	90 92	6 2
15	新若戸	福岡県	北九州市	運輸省 北九州市	777	2*2車線	長方形	8.54 (予定)	27.22 (予定)	66.5 79 80 106 (予定)	7

実績（日本の道路）

沈埋区間長 (m)	本体	構造形式			施工法			着工年	完成年
		継手	防水工法	防食工法	沈埋函製作方法	沈設方法	基礎工法		
49	SRC	剛結合 水中コンクリート	鋼殻	流電陽極法	ケーソン製作ドック	クレーン船	水中橋台方式	1935	1944
56	S	可撓性継手 止水ゴム	鋼殻	－	鋼殻方式	クレーン船	水中橋台方式	1962	1964
480	RC	剛結合 水圧接合	鋼殻	流電陽極法 (アルミ合金)	鋼殻方式	プレーシングバージ	敷砂利 袋詰モルタル	1969	1973
660	RC	剛結合 水圧接合	鋼殻	－	鋼殻方式	ポンツーン	砂吹込み	1971	1974
1 035	RC	可撓性継手 Ω鋼板 水圧接合	防水鋼板 (6mm) 頂版・防水シート	流電陽極法 (アルミ合金)	ドライドック	プレーシングバージ	ベントナイトモルタル注入 一部杭基礎	1969	1976
840	RC	剛結合 水圧接合	鋼殻	流電陽極法 (アルミ合金)	鋼殻方式	ポンツーン	ベントナイトモルタル注入	1972	1979
744	RC (軸方向PC)	可撓性継手 (PCケーブル) 水圧接合	防水鋼板 (8mm) 頂版・防水シート	流電陽極法 (アルミ合金)	ドライドック	プレーシングバージ 東京港首都高速道路公団のバージを改良使用	ベントナイトモルタル注入	1973	1980
1 550	RC (軸方向PC)	可撓性継手 (PCケーブル) 水圧接合	防水鋼板 (8mm) 頂版・防水シート	流電陽極法 (アルミ合金)	ドライドック	プレーシングバージ	ベントナイトモルタル注入 一部杭基礎	1986	1994
1 187	RC (軸方向PC)	可撓性継手 (PCケーブル) 水圧接合	防水鋼板 (8mm) 頂版・防水シート	流電陽極法 (アルミ合金)	ドライドック	プレーシングバージ	ベントナイトモルタル注入 一部杭基礎	1986	1994
520	合成構造	可撓性継手 (PCケーブル) 水圧接合	鋼殻	流電陽極法	造船ドック ドライドック	ポンツーン	水中コンクリート注入	1992	1999
850	RC (軸方向PC)	可撓性継手 (PCケーブル) 水圧接合	防水鋼板 (8mm) 頂版・防水シート	流電陽極法 (アルミ合金)	ドライドック	ポンツーン	－	1989	2002 (予定)
1 329	RC (軸方向PC)	可撓性継手 (PCケーブル) 水圧接合	防水鋼板 (8mm) 頂版・防水シート	流電陽極法 (アルミ合金)	ドライドック	プレーシングバージ	－	1993	2002 (予定)
448	合成構造	可撓性継手 (PCケーブル) 水圧接合	鋼殻 頂版・防水シート	流電陽極法 (アルミ合金)	造船ドック 海洋ドック	プレーシング ポンツーン	－	1996	2002 (予定)
724	合成構造	可撓性継手 (ベローズ) 剛結合 水圧接合	鋼殻	流電陽極法 (アルミ合金)	鋼殻方式	ポンツーン	水中コンクリート注入	1996	2004 (予定)
557	合成構造	－	鋼殻	－	－	－	－	－	－

付表 2 沈埋トンネル施[工]

No.	トンネル名称	国名または県名	所在地	企業者	トンネル長 (m)	断面形状					
						内空構成	形状	高さ (m)	幅 (m)	エレメント長 (m)	エレメント数 (基)
1	羽田海底	東京都	海老取川	東京モノレール	−	モノレール複線	長方形	7.4	11	56	1
2	堂島川	大阪府	大阪市	大阪市	−	地下鉄複線	八角形	7.8	11	36	2
3	道頓堀川	大阪府	大阪市	大阪市	−	地下鉄複線	長方形	7	9.7	25	1
4	京葉線多摩川	東京〜神奈川	多摩川	日本鉄道建設公団	−	複線	小判型	8	13	80	6
5	京葉線京浜運河	東京都	京浜運河	日本鉄道建設公団	−	複線	小判型	7.95	13	82	4
6	隅田川	東京都	墨田川	東京都	−	地下鉄複線	長方形	7.6	10	67	3
7	京葉線台場	東京都	東京港	日本鉄道建設公団	−	複線	小判型	8	12.8	96	7

付表 3 沈埋トンネル施工実[績]

No.	トンネル名称	国名または県名	所在地	企業者	トンネル長 (m)	断面形状					
						内空構成	形状	高さ (m)	幅 (m)	エレメント長 (m)	エレメント数 (基)
1	大阪港咲洲	大阪市	港区〜南港	運輸省 大阪市	2 200	2*2車線+地下鉄複線	長方形	8.5	35.2	103	10
2	大阪港夢洲	大阪市	咲洲〜夢洲	運輸省 大阪市	2 100 (予定)	2*2車線+地下鉄複線	長方形	8.6	35.4	−	−

付表 4 沈埋トンネル施工

No.	トンネル名称	国名または県名	所在地	企業者	トンネル長 (m)	断面形状					
						内空構成	形状	高さ (m)	幅 (m)	エレメント長 (m)	エレメント数 (基)
1	渥美火力発電所	愛知県	渥美半島	中部電力(株)	−	取水路	長方形	4	8.4	36.5	1
2	洞海湾	福岡県	洞海湾	三井鉱山(株)	−	ベルトコンベヤ	長方形	4.55	8.218	80 81 51.4	13 3 1
3	洞海湾	福岡県	洞海湾	西部ガス(株)	−	ガス管	円形	3.2	3.2	45 27	9 1
4	京浜南運河	東京都	京浜南運河	東京都	−	ベルトコンベヤ	長方形	4.1	4.8	40	3

実績（日本の鉄道）

沈埋区間長 (m)	本体	構造形式				施工法			着工年	完成年
		継手	防水工法	防食工法	沈埋函製作方法	沈設方法	基礎工法			
56	S	可撓性継手止水ゴム	鋼殻	—	鋼殻方式	クレーン船	水中橋台方式	1962	1964
72	RC	半剛結水圧接合	防水鋼板 (6mm)	(防食対策なし)	ドライドック方式 (ケーソントンネル上を利用)	ウィンチ操作	砕石スクリード	1967	1969
25	S	剛結合 (軸方向伸縮可) 止水ゴム	鋼殻	流電陽極法 (マグネシウム合金)	鋼殻方式	門形クレーン	水中橋台方式	1967	1969
480	RC	剛結合水圧接合	鋼殻	流電陽極法 (アルミ合金)	鋼殻方式	ブレーシングバージ	砕石スクリード	1967	1970
328	RC	剛結合水圧接合	鋼殻	流電陽極法 (アルミ合金)	鋼殻方式	ブレーシングバージ	砕石スクリード	1969	1971
201	RC	剛結合水圧接合	鋼殻	—	鋼殻方式	ブレーシングバージ	モルタル注入	1973	1975
672	RC	可撓性継手 (PCケーブル) 水圧接合	鋼殻	流電陽極法 (アルミ合金)	鋼殻方式	昇降式水上足場	砕石スクリード	1976	1980

（日本の道路・鉄道併用）

沈埋区間長 (m)	本体	構造形式				施工法			着工年	完成年
		継手	防水工法	防食工法	沈埋函製作方法	沈設方法	基礎工法			
1 025	合成構造	可撓性継手 (PCケーブル) 水圧接合	鋼殻	流電陽極法 (アルミ合金) 頂版・防水鋼板	造船ドックドライドック	ポンツーン	水中コンクリート注入	1989	1997
800 (予定)	合成構造	—	鋼殻	—	—	—	—	2000	—

実績（日本のその他）

沈埋区間長 (m)	本体	構造形式				施工法			着工年	完成年
		継手	防水工法	防食工法	沈埋函製作方法	沈設方法	基礎工法			
37	RC	可撓性継手 剛結合水圧接合	なし	—	ケーソン取水路上で製作	クレーン船	砕石基礎モルタル注入	1970	1970
1 334	RC	剛結合水圧接合	防水鋼板 (6mm)	—	ドライドック	昇降式水上足場	砕石スクリード 一部モルタル注入	1970	1972
434	RC (軸方向PC)	剛結合水圧接合	エポキシ継目部のみウレタン塗膜防水	—	プレキャストセグメント	昇降式水上足場	砕石基礎モルタル注入	1976	1977
120	RC	可撓性継手 (PC鋼棒) 水圧接合	コンクリート打継部樹脂系防水膜塗布	—	半潜水台船上	クレーン船	砕石基礎ベントナイトモルタル注入	1980	1981

付表5 沈埋トンネル施工

No.	トンネル名称	国名または県名	所在地	企業者	トンネル長(m)	内空構成	断面形状 形状	高さ(m)	幅(m)	エレメント長(m)	エレメント数(基)
1	Posey Tube	アメリカ	オークランド〜アラメダ	—	1 080	2車線	円形	11.3	11.3	49 61.9	1 11
2	Detroit Windsor	アメリカ〜カナダ	デトロイト〜ウィンザー	—	1 565	2車線	八角形(内径φ8.53)	10.7	10.7	67.1 75.6	1 8
3	Bankhead	アメリカ	アラバマ・モービル川	—	948	2車線	八角形(内径φ8.23)	10.4	10.4	78 90.8	2 5
4	Mass	オランダ	ロッテルダム	—	1 070	2*2車線 自転車・歩道	長方形	8.39	24.77	61.35	9
5	Washburn	アメリカ	テキサス・ヒューストン	—	903	2車線	八角形(内径φ8.2)	10.4	10.4	114.3	4
6	Elizabeth River	アメリカ	バージニア・ノーフォーク〜ポーツマス	—	1 021	2車線	変形八角形(内径φ8.64)	10.7	10.8	91.5	7
7	Baytown	アメリカ	テキサス・ベイタウン	—	917	2車線	円形(内径φ8.64)	10.62	10.62	76.2 91.5	3 6
8	Almendares	キューバ	ハバナ郊外	—	216	2*2車線	長方形	6.93	18.9	—	—
9	Baltimore Harbor	アメリカ	メリーランド・ボルチモア	—	2 332	2*2車線	眼鏡形(内径φ8.9*2)	10.6	20.8	91.5	21
10	Hampton Roads	アメリカ	バージニア・ノーフォーク〜ハンプトン	—	2 280	2車線	変形八角形(内径φ8.6)	10.9	10.8	91.5	23
11	Havana Bay	キューバ	ハバナ	—	731	2*2車線	長方形	7.1	21.85	90 107.5	1 4
12	Deas Island	カナダ	バンクーバー	—	658	2*2車線	長方形	7.2	23.8	105	6
13	Rendsburg	ドイツ	レンツブルク	—	640	2*2車線	長方形	7.3	20.2	140	1
14	2nd Elizabeth River	アメリカ	バージニア・ノーフォーク〜ポーツマス	—	1 273	2車線	変形八角形(内径φ9.15)	10.7	10.7	91.5	12
15	Webster Street	アメリカ	カリフォルニア・オークランド〜アラメダ	—	1 018	2車線	円形	11.3	11.3	61	12

(外国の道路 1/4)

埋区間長(m)	構造形式				施工法			着工年	完成年
	本体	継手	防水工法	防食工法	沈埋函製作方法	沈設方法	基礎工法		
42	RC	剛結合水中コンクリート	アスファルト(3層)	−	造船ドック	係船柱クレーン船杭打船	砂投入	1925	1928
72	合成構造	剛結合水中コンクリート	鋼殻(9.5 mm)	なし	鋼殻方式	沈設作業用クレーン台船	砂スクリード	1928	1930
10	合成構造	剛結合水中コンクリート	鋼殻(9.5 mm)	なし	鋼殻方式	鋼杭固定足場	スクリード	1939	1940
84	RC	剛結合水中コンクリート	鋼殻(6 mm)	−	ドライドック	沈埋ごとにフロート取付けクレーン船	砂吹込み	1937	1942
63	合成構造	剛結合水中コンクリート	鋼殻(9.5 mm)	なし	鋼殻方式	−	スクリード	1948	1950
38	合成構造	剛結合水中コンクリート	鋼殻(8 mm)	なし	鋼殻方式	クレーン船	砂スクリード	1950	1952
80	合成構造	剛結合水中コンクリート	鋼殻(13 mm)	なし	鋼殻方式	ブレーシングバージ	砂投入	1949	1953
−	PC	剛結合水中コンクリート	防水鋼板	−		ブレーシングバージ	砂スクリード	−	1953
920	合成構造	剛結合水中コンクリート	鋼殻	なし	鋼殻方式	ブレーシングバージ	スクリード	1955	1957
090	合成構造	剛結合水中コンクリート	鋼殻	なし	鋼殻方式	ブレーシングバージ	砂利スクリード	1954	1957
20	PC	剛結合水中コンクリート	防水鋼板	−	ドライドック	ブレーシングバージ	砂スクリード	1955	1958
30	RC	剛結合水圧接合	頂部, 側部：アスファルト3層 底部：鋼板(5 mm)	−	ドライドック	クレーン台船4隻をガーダーで連結	砂吹込み	1956	1959
40	RC	可撓性継手水圧接合	防水鋼板(6 mm)頂部は防水シート	−	開削アプローチ部	仮設足場	砂利スクリード	1958	1961
130	合成構造	剛結合水中コンクリート	鋼殻(8 mm)	なし	鋼殻方式	クレーン船	砂利スクリード	1960	1962
32	RC	剛結合水中コンクリート	ガラス繊維シート	−	造船ドック	クレーン船	砂投入	1960	1963

付表 5 沈埋トンネル施

No.	トンネル名称	国名または県名	所在地	企業者	トンネル長 (m)	内空構成	断面形状 形状	高さ (m)	幅 (m)	エレメント長 (m)	エレメント (基)
16	Thimble Shoal Channel	アメリカ	バージニアチェサピーク湾	—	1 890	2 車線	変形八角形 (内径 φ 9.1)	11.6	11.3	92	19
17	Baltimore Channel	アメリカ	バージニアチェサピーク湾	—	1 726	2 車線	変形八角形 (内径 φ 9.1)	11.6	11.3	92	18
18	Coen	オランダ	アムステルダム	—	587	2*2 車線	長方形	7.84	23.9	90	6
19	Benelux	オランダ	ロッテルダム	—	795	2*2 車線	長方形	7.84	23.9	93	8
20	Lafontaine	カナダ	モントリオール	—	1 390	2*3 車線	長方形	7.9	36.7	109.7	7
21	Tingstad	スウェーデン	ゲーテボルグ	—	454	2*3 車線	台形	7.4	30	80 93.5	1 4
22	IJ	オランダ	アムステルダム	—	1 039	2*2 車線	逆台形	8.55	24.8	61.3 90	4 5
23	Marseilles	フランス	マルセイユ	—	597	2 車線*2 本並列	長方形	7.1	14.6 *2	45.5	6
24	Heinenn-oord	オランダ	ロッテルダム	—	614	2*3 車線	長方形	8.8	30.7	111 115.5	1 4
25	Limfjords	デンマーク	アールボルグ	—	539	2*3 車線	長方形	8.5	27.4	102	5
26	Parana-Santa Fe	アルゼンチン	パラナ～サンタフェ	—	2 397	2 車線	円形	10.8	10.8	10.8 65.5	1 36
27	Cross Harbor	香港			1 856	2*2 車線	眼鏡形	11	22.16	114	15
28	Mobile River	アメリカ	アラバマ・モービル	—	915	2*2 車線	眼鏡形	12.1	24.5	106	7
29	E3-Elbe	ドイツ	ハンブルク	—	2 650	3*2 車線	長方形	8.4	41.5	132	8
30	Vlake	オランダ	ゼーランド州カペレ	—	327	2*3 車線	長方形	8.02	29.8	125	2
31	2nd Hampton Roads	アメリカ	バージニア・ノーフォーク～ハンプトン	—	—	2 車線	八角形 (内径 φ 9.8)	12.5	12.2	91.5	23
32	Drecht	オランダ	ドルドレヒト	—	569	4*2 車線	長方形	8.08	49.04	115	3

(外国の道路 2/4)

埋区間長 (m)	本体	構造形式 継手	防水工法	防食工法	施工法 沈埋函製作方法	沈設方法	基礎工法	着工年	完成年
749	合成構造	剛結合 水中コンクリート	鋼殻 8mm)	なし	鋼殻方式	ブレーシングバージ	−	−	1964
661	合成構造	剛結合 水中コンクリート	鋼殻 (8mm)	なし	鋼殻方式	ブレーシングバージ	砂利スクリード	1960	1964
40	RC	可撓性継手 水圧接合	アスファルト防水	−	ドライドック	ポンツーン	砂吹込み	1960	1966
45	RC	可撓性継手 水圧接合	アスファルト防水	−	ドライドック	ポンツーン	砂吹込み	1963	1967
68	PC	剛結合 水圧接合	アスファルト防水	−	ドライドック	ブレーシングバージ	砂吹込み	1963	1967
54	RC	剛結合 水圧接合	防水鋼板 (6mm)	−	ドライドック	クレーン船 頂版上水槽に注水	木杭 ナイロン袋モルタル注入	1964	1968
86	RC	半剛結合 水圧接合	頂部：アスファルト防水；側部，底部：鋼板	−	ドライドック	杭基礎をアンカーとした引降し	水中橋脚方式	1961	1968
73	RC	可撓性継手 水圧接合	頂部，側部：アスファルト防水 底部：鋼板	−	ドライドック	水底アンカーによる引降し	水中橋脚方式	1962	1969
74	RC	可撓性継手 水圧接合	頂部，側部：アスファルト防水 底部：防水鋼板 (6mm)	−	ドライドック	ポンツーン	砂吹込み	1965	1969
10	RC	剛結合 水圧接合	全周ブチルゴムシート (2mm)	−	ドライドック	ブレーシングバージ	砂吹込み	1965	1969
367	RC	剛結合 水中コンクリート	グラスファイバー 強化ポリエステルレジン	−	ドライドック	昇降式水上足場	砂吹込み	1962	1969
602	RC	剛結合 水中コンクリート	鋼殻	−	造船ドック	スクリード, 埋設両用2階建て足場	スクリード	1969	1972
47	合成構造	剛結合 水中コンクリート	鋼殻 (8mm)	なし	鋼殻方式	ブレーシングバージ	砂吹込み	1969	1973
057	RC	可撓性継手 水圧接合	頂部：アスファルト防水 側部，底部：鋼殻 (6mm)	−	ドライドック	ポンツーン	砂吹込み	1968	1975
50	RC	可撓性継手 水圧接合	側壁：パイプクーリングによる水密コンクリート	−	ドライドック	ブレーシングバージ	サンドフロー工法	1972	1975
229	合成構造	剛結合 水圧接合	鋼殻	なし	鋼殻方式	ブレーシングバージ	砂利スクリード	−	1976
45	RC	可撓性継手 水圧接合	頂部，側部：アスファルト防水およびポリビニール；底部：鋼板	−	ドライドック	ポンツーン	サンドフロー工法	1973	1977

付表 5 沈埋トンネル施

No.	トンネル名称	国名または県名	所在地	企業者	トンネル長 (m)	断面形状					
						内空構成	形状	高さ (m)	幅 (m)	エレメント長 (m)	エレメント (基)
33	Prinses Margriet	オランダ	スニーク	—	77	2*2 車線	長方形	8.01	28.54	77	1
34	Kil	オランダ	ズウィンドレヒト	—	406	2*3 車線	長方形	8.75	31	111	3
35	Botlek	オランダ	ロッテルダム	—	539	2*3 車線	長方形	8.95	30.9	105 87.5	4 1
36	Rupel	ベルギー	ブーム	—	—	2*3 車線	長方形	9.35	53.1	138	3
37	Bastia Vieux-Port	フランス	コルシカ	—	—	2 車線	長方形	7.58	14.1	62.33	4
38	Kaohsiung Harbor	台湾	高雄市	—	1 042	2*2 車線, 2輪車道	長方形	9.35	24.4	120	6
39	Fort McHenry	アメリカ	ボルチモア	—	2 180	2*2 車線*2本並列	眼鏡形	12.7	25.1*2	104.8	16*2
40	2nd Downtown	アメリカ	バージニア・ノーフォーク～ポーツマス	—	1 158	2 車線	馬蹄形	10.5	12.2	101.5	8
41	Guldborgsund	デンマーク	グルドボルグ	—	—	2*2 車線	長方形	7.6	20.6	230	2
42	Ems	ドイツ	リール	—	940	2*2 車線	長方形	8.4	27.5	127.5	5
43	La Marne	フランス	パリ東部	—	—	3 車線*2 本	長方形	9	17.5	45～55	7
44	Zeeburger	オランダ	アムステルダム	—	546	2*3 車線	長方形	7.82	29.8	112	3
45	Conwy	イギリス	北ウェールズ	—	—	2*2 車線	長方形	10.5	24.1	118	6
46	Liefkenshoek	ベルギー	アントワープ	—	1 374	2*2 車線	長方形	9.42	31.25	142	8
47	Monitor-Merrimac	アメリカ	バージニアニューポートニューズ	—	—	2*2 車線	眼鏡形	12.2	23.83	95	15
48	Noord	オランダ	ロッテルダム南東部	—	540	2*3 車線	長方形	8.03	29.95	130 100	3 1

(外国の道路 3/4)

埋区間 (m)	構造形式			防食工法	施工法			着工年	完成年
	本体	継手	防水工法		沈埋函製作方法	沈設方法	基礎工法		
7	RC	可撓性継手 水圧接合	頂部, 側部:2層防水膜 底部:鋼板 (6 mm)	－	ドライドック	ウィンチ	サンドフロー工法	－	1977
83	RC	可撓性継手 水圧接合	側壁:パイプクーリングによる水密コンクリート	－	ドライドック	ポンツーン	サンドフロー工法	1974	1977
08	RC	可撓性継手 水圧接合	側壁:パイプクーリングによる水密コンクリート	－	ドライドック	クレーン船	サンドフロー工法	1976	1980
36	RC	－ 水圧接合	頂部, 側部:防水膜 底部:鋼板	－	開削アプローチ部	－	砂吹込み	－	1982
50	－								1983
20	RC	可撓性継手 (PCケーブル) 水圧接合	頂部, 側部:防水膜 底部:鋼板	－	ドライドック	プレーシングバージ	サンドフロー工法	1981	1984
639	合成構造	剛結合 水圧接合	鋼殻	なし	鋼殻方式	プレーシングバージ	砂利スクリード	－	1987
85	合成構造	剛結合 水圧接合	鋼殻	なし	鋼殻方式	プレーシングバージ	砂利スクリード	－	1988
50	RC	水圧結合 剛接合	頂部:防水膜 底部, 側部:鋼殻 (6 mm)	－	ドライドック	ポンツーン	砂吹込み	－	1988
89.5	RC	可撓性継手 水圧接合	防水膜	－	ドライドック	－	砂吹込み	－	1989
10 10	PC	可撓性継手 水圧接合	－	－	ドライドック	－	サンドフロー工法	－	1989
36	RC	可撓性継手 水圧接合	側壁:パイプクーリングによる水密コンクリート	－	開削アプローチ部	ポンツーン	杭基礎	－	1990
10	RC	－ 水圧接合	頂部:防水膜 底部, 側部:鋼板	流電陽極法	ドライドック	ポンツーン	砂吹込み	－	1991
136	RC (軸方向PC)	可撓性継手 水圧接合	側壁:パイプクーリングによる水密コンクリート	－	ドライドック	ポンツーン	サンドフロー工法	－	1991
425	合成構造	剛結合 水圧接合	鋼殻	なし	鋼殻方式	プレーシングバージ	砂利スクリード	－	1992
92	RC	可撓性継手 水圧接合	側壁:パイプクーリングによる水密コンクリート	－	ドライドック	ポンツーン	サンドフロー工法	－	1992

付表5 沈埋トンネル施

No.	トンネル名称	国名または県名	所在地	企業者	トンネル長 (m)	内空構成	形状	高さ (m)	幅 (m)	エレメント長 (m)	エレメント(基)
						断面形状					
49	Sydney Harbour	オーストラリア	シドニー港	—	2 280	2*2 車線	長方形	7.43	26.1	120	8
50	Grouw	オランダ	ヘーレンフェン	—	70	2*2 車線+測道	長方形	7.05	31.75	68	1
51	Ted Williams	アメリカ	ボストン港	—	—	2*2 車線	眼鏡形 (内径 ϕ 10.4*2)	12.3	24.4	98.3	12
52	Medway	イギリス	ロチェスター	—	—	2*2 車線	長方形	9.15	23.9	126 118	2 1
53	Wijker	オランダ	ヴェルゼン	—	—	2*3 車線	長方形	8.05	31.75	95.67	6
54	Western Harbour	香港	香港	—	—	2*3 車線	長方形	8.57	33.4	113.5	12
55	Fort Point Channel	アメリカ	ボストン港	—	—	3+2 車線と2+2 車線が並列	長方形	7.9	21.3～47.2	99～127	3*2
56	Shang Hai Outer Ring	中国	上海	—	1 370	3+2+3 車線	長方形	9.55	43.0	100～108	7

付表6 沈埋トンネル施

No.	トンネル名称	国名または県名	所在地	企業者	トンネル長 (m)	内空構成	形状	高さ (m)	幅 (m)	エレメント長 (m)	エレメント(基)
						断面形状					
1	Detroit River	アメリカ～カナダ	デトロイト～ウィンザー	—	—	単線2室	眼鏡形 (内径 ϕ 6.1*2)	9.4	17	80	10
2	La Salle Street	アメリカ	イリノイ～シカゴ	—	—	単線2室	眼鏡形	7.3	12.5	84.8	1
3	Harlem River	アメリカ	ニューヨーク	—	—	単線4室	4連眼鏡形 (内径 ϕ 5.0*4)	7.5	23.2	61 67	1 4
4	State Street	アメリカ	イリノイ～シカゴ	—	—	単線2室	2連馬蹄形	6.9	12	61	1
5	Lilieholmen	スウェーデン	ストックホルム	—	—	複線	長方形	6.03	8.82	124	1
6	Rotterdam Metro	オランダ	ロッテルダム	—	—	単線2室	八角形	6.05	10	75～90	12
7	BART Tube	アメリカ	サンフランシスコ～オークランド	—	—	単線2室	眼鏡形	6.6	14.6	100～105	58
8	Charles River	アメリカ	ボストン	—	—	単線2室	眼鏡形	6.86	11.4	73	2

(外国の道路 4/4)

埋区間(m)	構造形式				施工法			着工年	完成年
	本体	継手	防水工法	防食工法	沈埋函製作方法	沈設方法	基礎工法		
60	RC	剛結合(1か所可撓性継手)水圧接合	頂部，側部：吹付け防水膜 底部：PVC防水シート	－	ドライドック	ポンツーン	サンドフロー工法（一部セメントグラウト）	1988	1992
8	RC	剛結合 －	水密コンクリート	－	開削アプローチ部	ウィンチ	水中橋台方式	－	1992
173	合成構造	可撓性継手 水圧接合	鋼殻	なし	鋼殻方式	プレーシングバージ	砂利スクリード	1992	1995
70	RC	－ 水圧接合	防水膜	－	開削アプローチ部	小型ポンツーン	サンドフロー工法	－	1996
74	RC	－ 水圧接合	水密コンクリート	－	ドライドック	ポンツーン	サンドフロー工法	1993	1996
362	RC	可撓性継手 水圧接合	頂部，側部：吹付け防水膜 底部：PVC防水シート	－	ドライドック	ポンツーン	砂吹込み	1993	1997
30	RC	－	頂部，側部：吹付け防水膜 底部：PVC防水シート	－	ドライドック	ポンツーン	－	－	2002（予定）
36	RC	可撓性継手 水圧接合	なし（打継目のみ塗布防水）	－	ドライドック	ポンツーン	サンドフロー工法	2000	2002（予定）

(外国の鉄道 1/2)

埋区間(m)	構造形式				施工法			着工年	完成年
	本体	継手	防水工法	防食工法	沈埋函製作方法	沈設方法	基礎工法		
14	RC	剛結合 水中コンクリート	鋼殻 (9.5 mm)	－	鋼殻方式	フロート4本固定脚付デリックグレーン	水中コンクリート	1906	1910
5	RC	剛結合 水中コンクリート	鋼殻 (9.5 mm)	－	ドライドック	杭打船利用	砂スクリード	1909	1912
29	RC	剛結合 水中コンクリート	鋼殻 (9.5 mm)	－	鋼殻方式	フロート4本固定脚付デリックグレーン	水中コンクリート	1911	1914
1	合成構造	剛結合 水中コンクリート	鋼殻 (8 mm)	－	鋼殻方式	鉱石運搬船より吊降し	砂スクリード	－	1942
24	PC	剛結合 気中施工	なし	－	ドライドック	クレーン	岩着，水中橋梁方式	1958	1964
037	RC	可撓性継手 水圧接合	頂部，側部：アスファルト防水 底部：鋼板	－	鋼殻方式	プレーシングバージ	杭基礎	1960	1968
825	合成構造	剛結，両端は可撓耐震継手 水圧接合	鋼殻 (9.4 mm)	流電陽極法（アルミ合金）	ドライドック	プレーシングバージ	砂スクリード	1964	1970
46	合成構造	剛結合 水中コンクリート	鋼殻	なし	鋼殻方式	仮設杭	砕石スクリード	－	1971

付表6 沈埋トンネル施工

No.	トンネル名称	国名または県名	所在地	企業者	トンネル長(m)	断面形状				
						内空構成	形状	高さ(m)	幅(m)	エレメント長(m)	エレメント(基)
9	63rd Street	アメリカ	ニューヨーク	—	—	上層単線2室 下層単線2室	長方形 (田形4室)	11.2	11.7	116 114	2 2
10	Paris Metro	フランス	パリ	—	—	複線	長方形	—	—	—	—
11	Washington Channel	アメリカ	ワシントン	—	—	単線2室	眼鏡形	6.7	11.3	103.6	3
12	Hong Kong MTR 103	香港	香港～九龍	—	—	単線2室	眼鏡形	6.5	13.1	100	14
13	Hemspoor	オランダ	アムステルダム	—	—	単線3室	長方形	8.7	21.5	268 134	4 3
14	Metropolitan (Main)	ドイツ	フランクフルト	—	—	単線2室	長方形	8.55〜 13.1	12.1〜 13.1	61.5	1
								8.55〜 10.28	12.1〜 12.7	62	1
15	Coolhaven	オランダ	ロッテルダム	—	—	複線	長方形	6.3	9.64	45.59 74.98 49.00	3 3 1
16	Spijkenisse	オランダ	ロッテルダム	—	—	単線2室	長方形 上隅切り	6.55	10.3	82	6
17	Bilbao Metro	スペイン	—	—	—	単線2室	八角形	7.2	11.4	85.35	2
18	Schiphol	オランダ	スキポール空港	—	—	複線	長方形	8.05	13.6	125	4
19	Willemspoor	オランダ	ロッテルダム	—	—	単線4室	長方形	8.62	28.82	115～138	8
20	Hong Kong MTR 502	香港	香港	—	—	単線2室	長方形	7.65	12.42	126	10

付表7 沈埋トンネル施工実績

No.	トンネル名称	国名または県名	所在地	企業者	トンネル長(m)	断面形状				
						内空構成	形状	高さ(m)	幅(m)	エレメント長(m)	エレメント(基)
1	E3-Shelde	ベルギー	アントワープ	—	—	2*3車線 +複線 +自転車道	長方形	10	47.9	98.8 114.8	4 1
2	Eastern Harbour	香港	香港	—	—	2*2車線 +複線	長方形	9.75	35.45	122 128 126.5	10 4 1
3	珠江 (Pearl River)	中国	広州市	—	—	2*2車線 +複線	長方形	7.95	33	105 90 120 22	1 1 2 1

續 (外国の鉄道 2/2)

沈埋区間長 (m)	本体	構造形式 継手	構造形式 防水工法	構造形式 防食工法	施工法 沈埋函製作方法	施工法 沈設方法	施工法 基礎工法	着工年	完成年
232 228	合成構造	剛結合 水中コンクリート	鋼殻	なし	鋼殻方式	プレーシングバージ	砕石スクリード (70 cm)	1969	1973
128	RC	−	−	−	−	−	−	−	1976
311	合成構造	剛結合 水圧接合	鋼殻	なし	鋼殻方式	仮設杭	砕石スクリード	−	1979
400	RC (軸方向PC)	剛結合 水圧接合	頂部, 側部: アスファルト防水 底部: 鋼殻 (6 mm)	−	ドライドック	昇降式水上足場	砕石スクリード (80 cm)	1976	1979
475	RC	可撓性継手 水圧接合	側壁: パイプクーリング	−	ドライドック	ポンツーン	サンドフロー工法	−	1980
124	RC	− 水圧接合	不透水性コンクリート	−	開削アプローチ部	ポンツーン	サンドフロー工法	−	1983
411	RC	− 水圧接合	−	−	−	特殊方式	杭基礎	−	1984
530	RC	水圧接合	−	−	ドライドック	クレーン	砂吹込み	−	1985
172	RC	− 水圧接合	頂部: 防水膜 底部, 側部: 鋼板	−	ドライドック	−	砂吹込み	1990	1994
500	RC	可撓性継手 水圧接合	側壁: パイプクーリングによる水密コンクリート	−	開削アプローチ部	沈設用ビーム	サンドフロー工法	1992	1994
1 014	RC	可撓性継手 水圧接合	側壁: パイプクーリングによる水密コンクリート	−	ドライドック	ポンツーン	サンドフロー工法	−	1995
1 261	RC	可撓性継手 水圧接合	頂部, 側部: 吹付け防水膜 底部: 鋼板	−	ドライドック	ポンツーン	砂吹込み	1994	1998

外国の道路・鉄道併用 1/2)

沈埋区間長 (m)	本体	構造形式 継手	構造形式 防水工法	構造形式 防食工法	施工法 沈埋函製作方法	施工法 沈設方法	施工法 基礎工法	着工年	完成年
510	RC PC(頂版・底版)	剛結合 水圧接合	防水鋼板 5 mm (底面) アスファルト防水膜 (頂・側面)	−	ドライドック	ポンツーン	砂吹込み	1966	1969
1 859	RC	可撓性継手 水圧接合	頂部, 側部: 吹付け防水膜 底部: 鋼板	−	ドライドック	ポンツーン	砂吹込み	−	1990
457	RC	可撓性継手 (Ω 鋼板) 水圧接合	−	−	ドライドック	−	−	1988	1993

付表7 沈埋トンネル施工実績

No.	トンネル名称	国名または県名	所在地	企業者	トンネル長(m)	内空構成	形状	断面形状 高さ(m)	幅(m)	エレメント長(m)	エレメント(基)
4	Piet Hein	オランダ	アムステルダム	−	−	2*2車線+複線	長方形	8	32	158	8
5	Drogden	デンマークスウェーデン	Oresund	Oresund-konsortiet	−	2*2車線+複線	長方形	8.5	42	175.2	20

付表8 沈埋トンネル施工

No.	トンネル名称	国名または県名	所在地	企業者	トンネル長(m)	内空構成	形状	断面形状 高さ(m)	幅(m)	エレメント長(m)	エレメント(基)
1	Shirley Gut Syphon	アメリカ	ボストン	−	−	サイフォン(下水道)	円形	2.6	2.6	14.6 20.7	5 1
2	Friedlich-shafen	ドイツ	ベルリン	−	−	歩道	長方形	3.7	6.4	40 80	1 1
3	Durban	南アフリカ	ダーバン	−	−	下水道	円形	4.6	4.6	52.1 43.4 44.8	2 1 2
4	Hyperion	アメリカ	ロスアンゼルス	−	−	下水道	円形	3.7	3.7	58.5	−
5	Eraring	オーストラリア	−	−	−	冷却水取水路	長方形	5	21	260	1
6	Syphon under the Nile	エジプト	カイロナイル川	−	−	サイフォン	長方形	4.35	3.75	40.5〜56.8	9
7	Multilow	スウェーデン	ストックホルム	−	−	通信ケーブル	円形	4.45	4.45	71	4
8	Seattle Metro Trunk Sewers	アメリカ	シアトル	−	−	下水吐	円形	−	−	36.5	30
9	Wolfburg Pedestrian	ドイツ	ウォルフブルグ	−	−	歩道	長方形	5.1	11	58	1
10	Marsden	ニュージーランド	−	−	−	取水路	円形	2	2	36	−
11	Rhein	オランダ	アムステルダム	−	−	水路	長方形	2.85	8.89	132	1
12	Hollandsch Diep	オランダ	−	−	−	パイプライン	円形	4.65	4.65	60	27
13	Odense	デンマーク	オーデンセ	−	−	温水トンネル	長方形	2.67	3.08	90	1
14	Oude Mass	オランダ	−	−	−	パイプライン	円形	4.65	4.65	60	8
15	Cove Point	アメリカ	メリーランド	−	−	パイプライン	長方形	−	−	−	−

国の道路・鉄道併用 2/2

延長区間(m)	本体	継手	防水工法	防食工法	沈埋函製作方法	沈設方法	基礎工法	着工年	完成年
265	RC	可撓性継手水圧接合	—	—	ドライドック(アントワープ)	ポンツーンシアレグクレーン	サンドフロー工法	1992	1997
510	RC	可撓性継手水圧接合	水密コンクリート	—	プレキャストセグメント	ポンツーン	簡易な整地と砕石による敷均し	1996	2000

外国のその他 1/2

延長区間(m)	本体	継手	防水工法	防食工法	沈埋函製作方法	沈設方法	基礎工法	着工年	完成年
6	鋼管(9.5mm)レンガ覆工	剛結合水中コンクリート	鋼殻	—	—	—	—	1893	1894
20	RC	剛結合水中コンクリート	防水膜	—	—	ケーソン方式	水中コンクリート	—	1927
37.3	RC(軸方向PC)	—	—	—	プレキャストセグメント	—	—	1955	1957
約8 000	RC	—	—	—	—	水上足場フロート	砂利投入	1959	1960
60	RC	—	—	—	—	—	砂吹込み	—	1963
64	RC	剛結合水中コンクリート	水密コンクリート	—	プレキャストセグメント	ポンツーン	水中コンクリート	—	1964
88	RC	—	—	—	造船ドック	ブレーシングバージ	杭基礎(継手部)	—	1965
097	RC	— Oリング	—	—	—	—	—	—	1966
8	RC	— 気中施工	防水膜	—	開削アプローチ部	沈設用ガーダー	スクリード	—	1966
—	RC	—	—	—	プレキャストセグメント	—	—	—	1967
32	RC(軸方向PC)	—	—	—	プレキャストセグメント	クレーン船	砕石敷均し	—	1973
627	RC(軸方向PC)	可撓性継手水圧接合	水密コンクリート	—	プレキャストセグメント	ポンツーン	砂吹込み	—	1973
0	RC(軸方向PC)	—	防水膜なし	—	プレキャストセグメント	ポンツーン	砂吹込み	—	1974
85	RC(軸方向PC)	可撓性継手水圧接合	水密コンクリート	—	プレキャストセグメント	ポンツーン	砂吹込み	—	1975
—	RC	—	—	—	鋼殻方式	—	—	—	1977

付表 8　沈埋トンネル施工

No.	トンネル名称	国名または県名	所在地	企業者	トンネル長 (m)	断面形状				
						内空構成	形状	高さ (m)	幅 (m)	エレメント長 (m)	エレメント (基)
16	Kilroot	イギリス	北アイルランド	−	−	冷却水放流路	長方形	3.53	6.91	94.0 85.8	4 1
17	Bakar Gulf	ユーゴスラビア	−	−	−	ベルトコンベヤ	円形 (内径 ϕ 3.5)	−	−	40	10
18	Halileh	イラン	−	−	−	冷却水放流路	長方形	6	21	105	10
19	Karmoney	ノルウェー	−	−	−	−	−	8.5 7.5	7 6.6	118	5
20	Pulau Seraya	シンガポール	−	−	−	電力ケーブル	長方形	3.68	6.5	100	26
21	Sizewell	イギリス	−	−	−	冷却水取水・放流路	−	6	6	100	8
22	Tuas	シンガポール	−	−	2950	送電線用	長方形	4.425	11.79	100	21

績（外国のその他 2/2）

沈埋区間長 (m)	構造形式				施工法			着工年	完成年
	本体	継手	防水工法	防食工法	沈埋函製作方法	沈設方法	基礎工法		
584	RC	－	なし	－	－	プレーシングバージ	砂吹込み	－	1978
400	RC	可撓性継手水圧接合	－	－	浮きドック上	クレーン船	杭基礎（継手部）	－	1978
1 200	RC	－水圧接合	－	－	ドライドック	－	杭基礎6函モルタル基礎4函	－	1979
590	－	－	－	－	－	－	－	－	1983
2 600	RC（軸方向PC）	可撓性継手水圧接合	なし（セグメント継手部を除く）	－	プレキャストセグメント	仮設桟橋ガントリークレーン	砂吹込み	1985	1987
800	－	－	－	－	ドライドック	－	砂利スクリード	－	1992
2 100	RC（軸方向PC）	可撓性継手水圧接合	なし（セグメント継手部を除く）	－	プレキャストセグメント	仮設桟橋（マリンリフト）ガントリークレーン	砂利スクリード	1996	1998

索 引

【あ】

安全係数 65
安全性 70
液状化 139
横断面形状 36
応答震度法 133
応答変位法 128
オープンサンドイッチ式 40
オープンサンドイッチ部材 78
温度変化 68

【か】

解析モデル 74
荷重係数設計法 64, 65
荷重作用 66
可撓性継手 82, 86
仮置場所 55
仮隔壁 18
仮支持台 25
既設構造物調査 46
艤装工事 19
艤装ヤード 55
許容応力度 72
　──の割増し係数 73
　──法 64
限界状態設計法 64, 65
建設副産物 53
鋼・コンクリート合成構造 40
鋼殻 12
　──方式 6

剛結合継手 86
合成構造部材 77
剛接合 23
構造性能 70
交通荷重 67
剛継手 82
工程計画 38
高流動コンクリート 17
固定足場方式 21
ゴムガスケット 88
コンクリート打設 15

【さ】

最終継手 91
材料非線形性 126
サンドイッチ式 41
サンドイッチ部材 78
残留応力 79
地震調査 51
地盤 49, 73, 124
　──条件 49
　──諸定数 50
　──沈下 53
　──の沈下解析 82
　──の不等沈下 81
　──反力 68
車両火災 99
終局強度設計法 64
終局せん断耐力 75
終局曲げ耐力 75

索引

縦断線形 34
充填補修 18
照査 64
   終局限界状態の── 71
   使用限界状態の── 71
   ──項目 70
震度法 128
水圧圧接 22
水質 52
スクリード 24
砂吹き込み 24
ずれ止め 78, 79
性能照査型設計法 64
設計 63, 113
   横断面の── 74
   函軸方向の── 79
   鋼殻構造の── 77
   合成構造の── 78
   立坑の── 113
   ──地震動 122
接合 20
騒音・振動 52
双胴船型沈設作業船 21

【た】

耐火材料 102
耐火設計 97
大気質 52
耐久性 70
耐震性能 119
打撃法 17
多質点系モデル 133
立坑 29, 113
弾性設計法 64
端部鋼殻 18
地下水 53
調査 45
   基盤面の── 50
   地盤諸定数の── 50
沈設 20
沈船 109
沈埋工法 1

沈埋トンネル 1
継手 23
土圧 67
投走錨 109
動的応答解析法 128
土かぶり 34
独立支持形式 107
土砂採取 53
土捨て 53
ドライドック 6
トレンチ 20

【な】

内空断面 36
二次止水ゴムガスケット 91

【は】

破壊モード 127
爆発物調査 46
PCケーブル 90
ひび割れ幅 76
部分安全係数 65, 71
フルサンドイッチ部材 78
プレキャストセグメント構造 41
プレストレストコンクリート 58
平面線形 34
変形 76
防食 93
防水 93
ポンツーン 21

【ま】

埋設物調査 46
モルタル注入 24

【や】

有限要素法モデル 135
要求性能 63

【ら】

ラジオアイソトープ法 17
連続支持形式 107

著者紹介

清宮　理（きよみや　おさむ）1, 2, 5, 6, 8章
1973年　東京工業大学修士課程終了，運輸省港湾局入省
1974年　運輸省港湾技術研究所構造部
1997年　早稲田大学理工学部教授

園田　惠一郎（そのだ　けいいちろう）はじめに，6章
1961年　大阪市立大学工学部土木工学科卒業
1976年　大阪市立大学教授
2001年　大阪市立大学名誉教授
2001年　大阪工業大学工学部教授
主　著　構造力学Ⅰ，Ⅱ，朝倉書店，1985

高橋　正忠（たかはし　まさただ）3, 4, 6, 7章
1968年　中央大学理工学部土木工学科卒業
1968年　株式会社オリエンタルコンサルタンツ入社
本社技術部課長，東京事業本部総合技術部長を経て，
現在国際事業部技術担当部長

沈埋トンネルの設計と施工　　　定価はカバーに表示してあります
2002年4月10日　1版1刷発行　　　ISBN 4-7655-1626-1 C3051

著者	清　宮　　　　理	
	園　田　惠　一　郎	
	高　橋　正　忠	
発行者	長　　　祥　　　隆	
発行所	技報堂出版株式会社	

〒102-0075　東京都千代田区三番町8-7
（第25興和ビル）
電　話　営業　（03）(5215)3165
　　　　編集　（03）(5215)3161
F A X　　　　（03）(5215)3233
振　替　口　座　00140-4-10
http://www.gihodoshuppan.co.jp

日本書籍出版協会会員
自然科学書協会会員
工　学　書　協　会　会　員
土木・建築書協会会員

Printed in Japan

© Kiyomiya, O., Sonoda, K., Takahashi, M., 2002

落丁・乱丁はお取替えいたします　　装幀　海保　透　　印刷・製本　エイトシステム

本書の無断複写は，著作権法上での例外を除き，禁じられています．

●小社刊行図書のご案内●

土木用語大辞典	土木学会編	B5・1678頁
鋼構造用語辞典	日本鋼構造協会編	B6・250頁
土木工学ハンドブック(第四版)	土木学会編	B5・3000頁
コンクリート便覧(第二版)	日本コンクリート工学協会編	B5・970頁
鋼構造技術総覧[土木編]	日本鋼構造協会編	B5・498頁
持続可能な日本—土木哲学への道	吉原進著	A5・246頁
公共システムの計画学	熊田禎宣監修/計画理論研究会編	A5・254頁
地盤工学—信頼性設計の理念と実際	松尾稔著	B5・422頁
土の力学挙動の理論	村山朔郎著	A5・750頁
泥炭地盤工学	能登繁幸著	A5・202頁
鋼構造物の疲労設計指針・同解説—指針・解説/設計例/資料編	鋼材倶楽部編	B5・358頁
コンクリートの高性能化	長瀧重義監修	A5・238頁
繊維補強セメント/コンクリート複合材料	真嶋光保ほか著	A5・214頁
土中鋼構造物の防錆技術Q&A	鋼材倶楽部編	A5・128頁
海洋鋼構造物の防食Q&A	鋼材倶楽部編	A5・222頁
波と漂砂と構造物	椹木亨編著	菊判・480頁
逆解析の理論と応用—建設実務のグレードアップとコストダウンのために	脇田英治著	A5・178頁

技報堂出版 TEL編集03(5215)3161 営業03(5215)3165 FAX03(5215)3233